DK青少年人文科普百科

心理学百科

DK | Penguin Random House

Original Title: Heads Up Psychology
Copyright © Dorling Kindersley Limited, 2014
A Penguin Random House Company

本书中文简体版专有出版权由Dorling Kindersley Limited授予电子工业出版社，
未经许可，不得以任何方式复制或抄袭本书的任何部分。

版权贸易合同登记号　图字：01-2017-3550

图书在版编目（CIP）数据

心理学百科 / (英) 马库斯·威克斯(Marcus Weeks) 著；卢敏，侯冉冉译.
北京：电子工业出版社，2019.5
（DK青少年人文科普百科）
ISBN 978-7-121-35716-9

Ⅰ．①心… Ⅱ．①马… ②卢… ③侯… Ⅲ．①心理学—青少年读物 Ⅳ．①B84-49

中国版本图书馆CIP数据核字(2018)第281080号

责任编辑：苏　琪　特约编辑：刘红涛
印　　刷：惠州市金宣发智能包装科技有限公司
装　　订：惠州市金宣发智能包装科技有限公司
出版发行：电子工业出版社
北京市海淀区万寿路173信箱　　邮编：100036
开　　本：889×1194　1/16　印张：10　字数：325千字
版　　次：2019年5月第1版
印　　次：2024年4月第9次印刷
定　　价：88.00元

凡所购买电子工业出版社图书有缺损问题，请向购买书店调换。
若书店售缺，请与本社发行部联系，联系及邮购电话：(010) 88254888，88258888。
质量投诉请发邮件至 zlts@phei.com.cn，盗版侵权举报请发邮件至 dbqq@phei.com.cn。
本书咨询联系方式：(010) 88254161 转 1837，suq@phei.com.cn。

FSC
www.fsc.org
混合产品
纸张 |
支持负责任林业
FSC® C018179

www.dk.com

DK 猛犸图书

青少科普百科

DK青少年人文科普百科

心理学百科

[英]马库斯·威克斯 著　　卢敏　　侯冉冉 译

电子工业出版社

Publishing House of Electronics Industry

北京·BEIJING

目录

你如何成为"你"

你的大脑都在做什么

你的思想如何运作

什么使你独一无二

你如何适应

什么是**心理学**

关于人类本身及其思想总是有着无限的可能性，让人着迷。我们越是深入探索，它们越是显得神秘和复杂。心理学是一门致力于研究和分析"是什么造就了我们"的科学，通过研究我们的心理和行为，心理学试图解开人类身上那无穷无尽的奥秘。

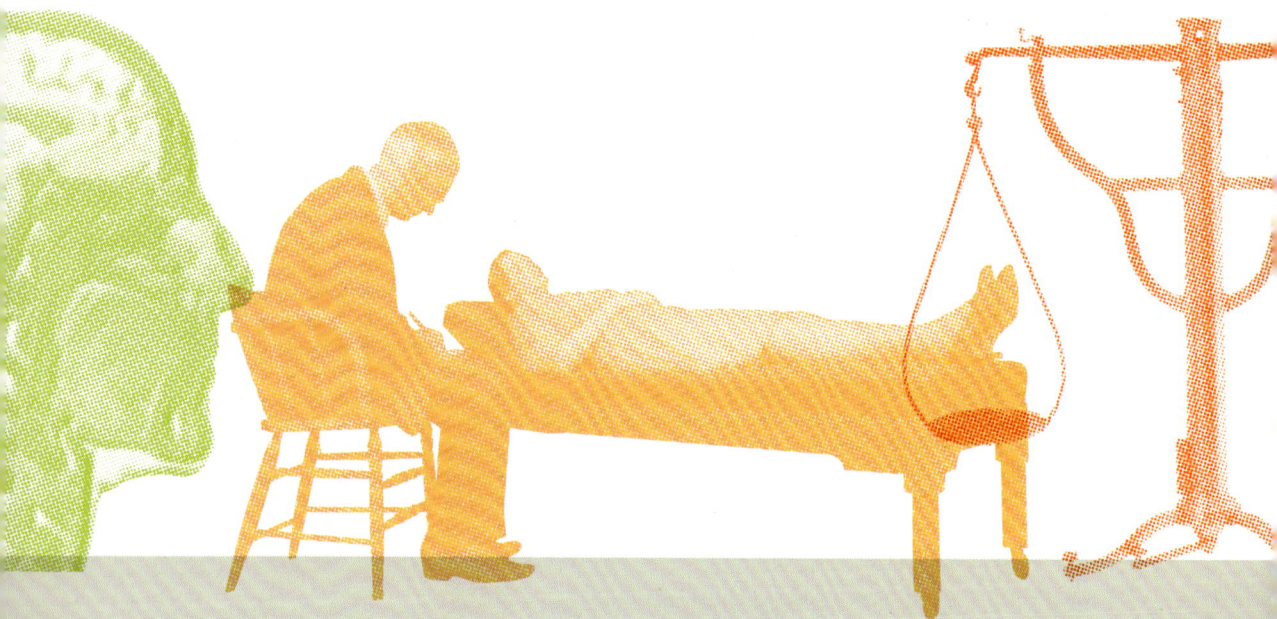

想一想，上一次你乘坐公交车或火车的时候，你留意到其他人了吗？有没有主动与同行的乘客进行攀谈？如果你有，是因为你天生外向？还是当时那个场景有一些特别的事情促成了你跟别人的谈话？你可能也曾好奇为什么你会做出这样的行为。这也是驱动心理学家产生好奇心，使他们一直探寻人们产生这些行动的原因。心理学就是对人类行为和心理的研究。但是，什么是心理呢？心理出现在我们每天的生活中，你可能会说"我不介意""我改变了我的想法"。

心理不是物质存在，它与大脑存在着区别。它是这样一个概念：一系列能力或功能背后的机制。我们无法看到它，或把它拆开来看看它是如何运作的。心理学家试图研究心理可能运作的方式，并观察人们的行为是否与其心理运作方式是一致的。但人是很难被研究的。

你越是试图去观察他们，他们的行为就越会发生更多的改变。即使如此，我们也已经在一些心理过程或概念的理解上取得了巨大的进展，比如我们的记忆是如何形成的，我们是如何犯错误的，我们是如何解码看到的景象的，以及我们是如何和他人交流的。

这些进展反过来可以帮助我们开展更优质的教学，建立更公正的司法系统，制造更安全的机器，更有效地治疗精神疾病，以及取得许多其他方面的进展。人们对心理与行为的研究已经进行了大约140年之久，但也只是刚刚开始而已。心理学家每天都在发现人类行为各方面的神奇新法则，但是，距离我们完全理解人类思想，还有很长的路要走。

心理学家
都做些什么

理论心理学家

社会心理学家

社会心理学家的兴趣点是人们在群体情境下的表现。他们研究人类的人际交往、沟通、态度、友谊、爱和冲突。

认知心理学家

认知心理学家通过设计严谨的实验，来探索大脑进行信息加工（如记忆）和做出行为反应的机制。

生理心理学家

生理心理学家也被称为神经心理学家，他们用大脑扫描仪和其他高科技设备来研究大脑，了解行为的生物学基础。

医学心理学家

临床心理学家

临床心理学家经常在医院采用多种多样的疗法来帮助人们治疗精神疾病，如抑郁症和精神分裂症。

临床神经心理学家

临床神经心理学家采用各种疗法来帮助那些遭受大脑疾病或损伤的人恢复他们受损的脑功能。

应用心理学家

组织心理学家

一个公司如何使它的员工高效率地完成工作？组织心理学家在商业领域中帮助人们，使其在工作中能更加高效和快乐。

用户体验研究员/设计师

用户体验研究员和设计师采用心理学研究技术设计不可或缺的、吸引人及符合直觉的网站和程序，使用户获得更好的使用体验。

心理学家所从事的工作是多种多样的，而其中理论心理学家仅占很小的比例。在所有人类行为具有决定作用的领域，包括运动、教育、健康和航空等，心理学都能发挥效用。另外，心理学家的研究成果对其他职业也是有益的。

进化心理学家研究我们的心智在时间进程中如何进化，从而理解我们的能力（如推理和语言）是从何而来的。

进化心理学家

我们是如何从无助的婴幼儿成长为拥有许多能力的成人的？对人类发展的研究使心理学家得以探索我们在成长中是如何建构我们的心智的。

发展心理学家

这些心理学家对如何找到最好的教学方法感兴趣。他们检验不同的教育理论并提出改善教学风格的方式。

教育心理学家

个体差异心理学家关注是什么使每个人如此不同，包括个性、情绪、智商、自我同一性和心理健康。

个体差异心理学家

咨询心理学家采用特定的咨询方法帮助人们处理和战胜在他们的生活中遇到的挑战，如失去亲人和人际关系的问题。

咨询心理学家

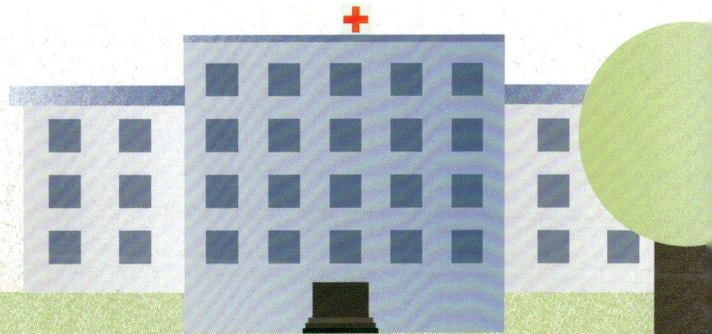

人因学专家大多在交通行业工作，通过改善标志、控制装置和交互界面的设计来提高陆空交通的安全性。

人因学专家

许多心理学家在人力资源管理行业工作，他们管理雇员，帮助雇员进行职业提升、评估及处理他们可能遇到的困难。

人力资源管理

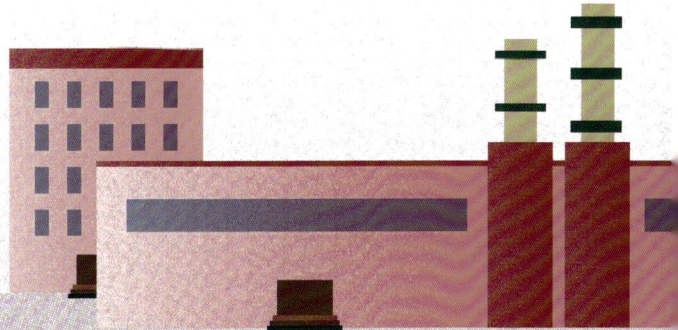

研究**方法**

本书包括对一些重要的心理学发现的综述。那么，心理学家们是如何获得他们的研究结果和理论的呢？多年以来，心理学的研究方法变得越来越复杂，但仍然保留着基本的方法。采用正确的研究方法可以使心理学家得以准确地设计和可靠地研究，这也是他们所有理论的坚实基础。

实验室条件

心理学家在实验室里开展实验，他们设计两种或两种以上的控制条件，试图测量在不同条件下人们行为的差异。比如，一组被试者得到一杯含咖啡因的饮料，而另一组被试者得到一杯不含咖啡因的饮料，来检验咖啡因是否会影响反应时间。这使研究者能推断出不同的条件是否能导致行为上的改变。

深入和有意义

心理学家对人们行为背后的意义很感兴趣，并采用定性的技术来研究那些观察变量不易被转换为数字的命题。比如，为了探究怀旧的本质，心理学家可能会采用访谈和开放式的问卷来获取人们的感觉体验。接下来，心理学家就可以通过解释这些主观材料得出关于人类行为的结论。

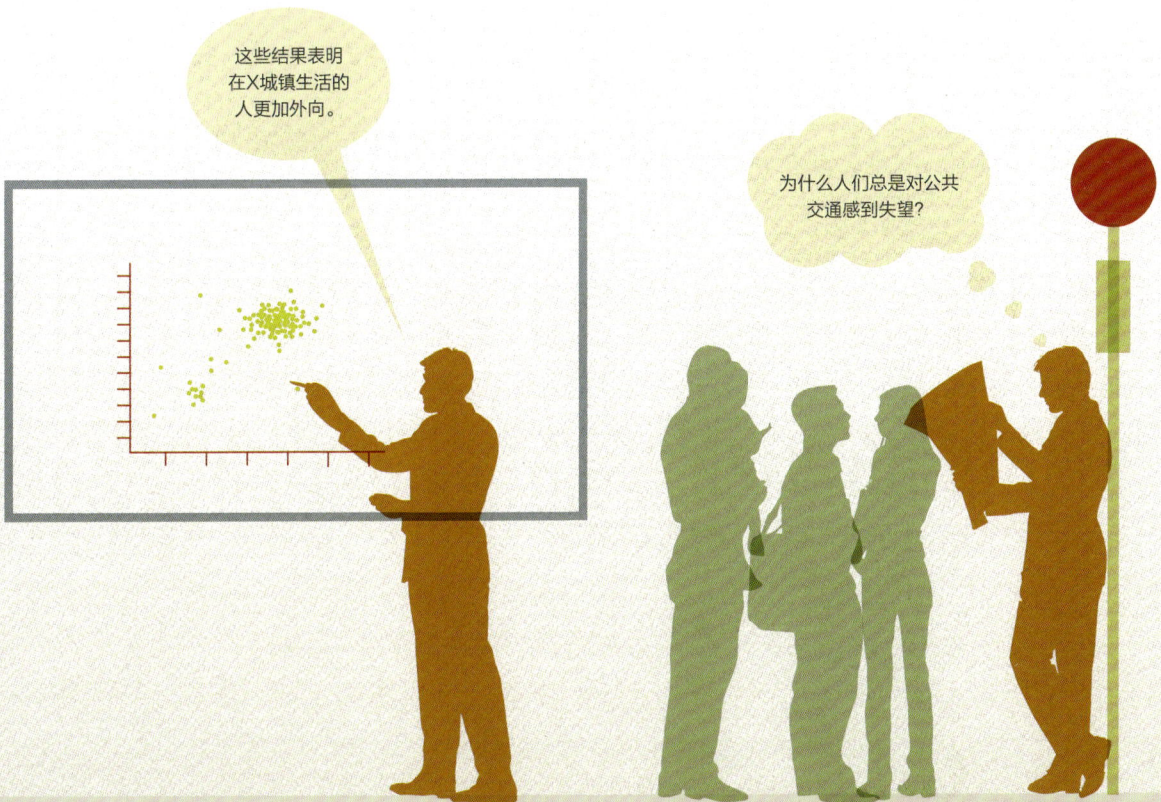

这些结果表明在X城镇生活的人更加外向。

为什么人们总是对公共交通感到失望?

统计分析

心理学中一些最有力的证据来自定量的（数值的）方法。心理学家设计多样化的测验来测量和比较人们的心理量（比如个性），并预测人们在未来如何表现。例如，这些数据会被用于绘制图表，来说明个性是如何因居住地而发生变化的。使用定量研究方法的优势在于，它能够精细地揭示人的行为模式。

在真实世界之外

有些时候，用严格控制的实验或定性技术（如访谈）无法获得有意义的结果。当想要探索的行为依赖于环境或情境的条件时（如公共交通），心理学家会进入这一情境并试图系统性地对行为进行分析。研究者必须极度小心地避免干扰因素，否则他们就会面临研究结果被混淆的风险。

你如何成为"你"

究竟谁需要父母

你为什么就是长不大

你能被塑造吗

你一定要接受教育

生活与学习

你为什么这样做

你知道什么是对、什么是错吗

活到老，学到老

发展心理学关注我们毕生的变化和我们所经历的阶段，从出生到童年，再到我们动荡的青少年时期、以及成年和最终的老年时期。发展心理学研究的内容包括我们获取技能和知识，以及学习好的行为或不良行为的方式。

究竟谁需要父母

作为小孩子，需要成人的关爱，并由成人提供食物、温暖和庇护。这些给予孩子关爱的人（通常是孩子的父母）对孩子的心理发展也很重要。孩子在早期与父母建立情感联系，为他们探索和了解这个世界提供了安全保障。

参见：第30~31页 →

形成重要的联结

在研究动物行为时，20世纪早期的生物学家洛伦兹（Konrad Lorenz）注意到幼鹅与其母亲之间的紧密联结。他发现小鹅会对自己被孵出后看到的第一个移动的物体（通常是它们的母亲，但也有可能是它们的"养父母"）形成依恋。洛

> 幼年时母亲的爱对幼儿心理健康的重要程度，等同于维生素和蛋白质对身体健康的重要性。
>
> 约翰·鲍比

伦兹意识到这一行为并不是小鹅后天习得的，而是一种本能现象，这一现象被他命名为"印刻（imprinting）"。后来，心理学家开始对新生儿和其父母之间的联结感兴趣，这一联结也被他们称为"依恋（attachment）"。在最早关于依恋的一个研究中，约翰·鲍比（John Bowlby）关注了那些与父母分开很长一段时间的孩子（也包括在第二次世界大战期间和父

母走散的孩子）。他注意到这些孩子中的许多人都在他们随后的一生中出现了智力、社交或情绪问题。约翰·鲍比推断，在生命最早的24个月之内，孩子具有一种与至少一个成人照料者（一般是他们的父亲或母亲，通常是母亲）建立联结的基本需要。依恋与其他人际关系不同的是，与某个特定的人之间的情感联系更加强烈而持久。这一联系如果受到干扰，就会给人的发展造成长时间的影响。

陌生人的危险

曾与约翰·鲍比一起工作过一段时间的玛丽·艾斯沃斯（Mary Ainsworth）继续了这项研究。她认为依恋对象（婴幼儿所依恋的照料者）为孩子学着探索世界提供了安全基础。在"陌生情境"实验中，艾斯沃斯研究了婴幼儿在母亲是否在房间内的两种情境下对一个陌生人是如何反应的。结果（正如在这

安全型

如果妈妈在场，孩子会愿意试探着与陌生人相处。但是，如果妈妈离开了，他们就会伤心；当看到妈妈回来时，又会感到高兴。

有三种不同的形式

些气球中所展示的）发现依恋有三种类型：安全型（secure）、焦虑–抗拒型（anxious-resistant）和焦虑–回避型（anxious-avoidant）。安全型的依恋为孩子未来的人际关系创造了一种积极的模板。相反的，有证据表明，非安全型依恋的孩子被发现在随后的生活中很难形成紧密的人际关系。

一个大家庭

虽然鲍比和艾斯沃斯强调母亲和孩子之间关系的重要性，但一些心理学家认为婴幼儿会与其他人建立联结并且依然能够健康地成长。迈克尔·鲁特（Michael Rutter）提出婴幼儿可以与他们的父亲、兄弟姐妹、朋友，甚至一些非生物的物品形成紧密的依恋关系。布鲁诺·贝特尔海姆（Bruno Betterlheim）也质疑了特定的母子联结的价值。在以色列的基布茨公社（Israeli Kibbutz）的一个研究中，孩子们被远离他们家庭的社区抚养，他并没有从这些孩子身上发现情绪混乱。事实上，这些孩子通常能够保持活跃的社交生活及拥有不错的事业。但批评者指出，作为成年人，他们也倾向于几乎无法形成亲密的关系。

无论是社交还是情绪，具有依恋障碍的孩子经常表现得不够成熟。

焦虑–回避型
这些孩子在玩的时候几乎总是忽视他们的母亲。虽然自己一个人时，他们会感到难过，但陌生人就能够很容易地安慰他们。

焦虑–抗拒型
这些孩子回避陌生人，并且不愿去尝试。如果和他们的妈妈分开，他们会非常痛苦；当母亲返回时，又会生母亲的气。

"让你想抱抱它"的猴子
心理学家哈利·哈洛（Harry Harlow）为小猴子提供了一些"人工母亲"。有些"人工母亲"包裹上了布料，其他则裸露着金属线，但有一个瓶子可以提供食物。这些猴子从瓶里获取食物，但是会马上回到想要拥抱的母亲那里寻求安慰。这一研究强调了满足孩子的情感需要与满足其生理需求是同等重要的。

6~12 岁
我们通过学习新的技能，来发现我们所擅长的事情，从而发展我们的自信心。

12~18 岁
我们开始思索人生的目的以及我们在社会中的位置，发展自我同一性。

3~6 岁
我们更有创造性地玩，但是也明白了自己并不能为所欲为，因为我们的行为可能会影响到其他人。

你为什么就是
长不大

青少年的大脑处于一种会使他们更多地实施冒险行为的发展阶段。

1~3 岁
我们开始通过对周围世界的探索发展独立意识和意志力，与此同时，我们也学着处理失败和反对意见。

人类历史上很长一段时间，儿童都被视为"小型的成人"，人们以为他们和成人有着相同的思维方式，只是知识储备不足。但直到20世纪，心理学家们才意识到，正如我们的身体随着年龄的增加而成长，我们的心智也是一样的。

逐渐变得文明

发展心理学的先驱之一霍尔（G. Stanley Hall），率先将我们的心智发展分为3个不同的阶段：儿童期、青春期、成年期。他指出，经过最初作为儿童的数年成长，青春期的我们可谓经历了一段动荡的时期，我们变得自我意识过剩、敏感、易冲动，直到我们成为一个"有教养的"成人。20世纪30年代，瑞士心理学家皮亚杰（Jean Piaget）发现，童年的早期经历是至关重要的。他将我们的心理发展过程分为4个阶段，所有儿童的心理发展都按相同的顺序经过这4个阶段。根据他的理论，儿童只有完成了当下的阶段才能进入下一个阶段的发展。更为重要的是，皮亚杰强调了儿童是通过动作探索世界的，而非接受指导，来实现心理发展的。通过慢慢地尝试新事物，他们构建起自己的知识和技能。

0~1 岁
我们学着去信任我们的父母，学着去感觉安全，这些成了我们同一性的基础。

参见：第24~25页、第28~29页、第32~33页

随着我们一点点长大，我们经历了不同的发展阶段……

18~35 岁

我们开拓新的亲密关系和友谊，并持续经营已有的关系。

欣赏你自己

在一项测量儿童自我意识的研究中，6~24个月大的婴儿们被放在一面镜子前，他们鼻子上都被研究人员偷偷地放上了一点标志。当被问到"那是谁"的时候，比较小的婴儿会认为镜子里反射的影像是另外一个孩子，而更年长的婴儿则能认出他们自己，并能指出自己鼻子上的标志。这项研究表明，人在大约18个月的时候开始萌生自我意识。

探索世界

在皮亚杰认为的第一个阶段（0~2岁），儿童通过他们的视觉、听觉、触觉、味觉、嗅觉等感知他们周围的事物，并且学习如何控制自己身体的动作。在这个感知运算阶段，他们开始意识到物体和其他人，但是看待一切都是从自己的观点出发的，不能理解其他人可能有不同的视角。

> **一个儿童的心智和成人的心智是有根本不同的。**
> 皮亚杰

在第二阶段，即前运算阶段（2~7岁），儿童开始学习新的技能，例如，根据高度或者颜色移动并分类物体的能力。他们也开始意识到其他人也有自己的思想和情感。在第三阶段，即具体运算阶段（7~11岁），儿童能够进行更多的逻辑运算，但是只能通过自然的物体来完成。例如，他们懂得如果他们将一种液体从一个短而宽的玻璃容器倒入另一个长而窄的容器中，液体的总量保持不变。直到第四阶段，即形式运算阶段（11岁以后），儿童才可以在脑海中完成上述操作，并且能够考虑抽象概念，比如爱、恐惧、愧疚、嫉妒、正确与错误等。

生活的利和弊

皮亚杰的儿童心理发展阶段观念在心理学和教育领域都产生了巨大的影响力。但是一些心理学家认为我们的心理发展并不随着我们长大成人而终结，而是伴随我们一生。20世纪50年代，埃里克森（Erik Erikson）确定了从婴儿到老年的8个明确的心理发展阶段。他将此描述为一个"平面图"，每一个阶段都由一个生活的积极方面和消极方面的冲突所定义，涵盖了我们的学习和工作，以及与家庭和朋友的关系。比如，在3~6岁，我们面临着主动和内疚的冲突：我们开始按我们的所想行动，但是我们可能因为这些行为对他人的影响而羞愧退缩。在18~35岁，我们面临亲密和孤独的冲突：我们可能发展出了亲密的关系，但是如果我们没有，我们就会感到孤独。在最后的阶段，如果我们经历了早期阶段的积极方面，我们会体验到一种成就感。

36~65 岁

我们安定下来，并体验到一种养育子女或者职业发展带来的成就感。

65 岁以上

我们从一生所获得的成就中感受到满足。

你能被**塑造吗**

我们倾向于认为，在生活中我们能够控制自己做什么及选择什么，但是我们的行为却在一定程度上是由发生在我们身上的事和我们对这些事的反应所引发的。一些心理学家主张人们的行为是可以塑造的，甚至可以通过训练让他们做到几乎任何事情。

刺激和反应

伊万·巴甫洛夫（Ivan Pavlov）是第一个发现如何刺激动物去做出特定反应的人。他是一位俄国生理学家，而非心理学家。当时他正在进行实验，测量狗在进食时分泌唾液的量。他注意到，狗在认为食物马上出现时就开始提前分泌唾液了。受此启发，巴甫洛夫将他的研究更进一步，在每次给狗提供食物的时候同时附带一个信号，比如响铃。他发现狗很快就学会将信号和食物联系起来。一段时间以后，狗在听到铃声时就会分泌唾液，即使它们眼前并没有食物。巴甫洛夫将此解释为狗已经被条件化成对铃声做出反应。当它们看到食物时分泌唾液，这是一种自然的或者"非条件化"的反应；当它们听到铃声时就分泌唾液，这是一种新的条件化的反应。这种刺激和反应的模式被称为经典条件反射。

职业选择？

华生（John B. Watson）坚信所有的婴儿生来都是一无所知的，但是任何孩子的成长道路——包括他/她未来的职业——都可以通过条件反射来控制。

任何人都可以被训练去做任何事

老师

足球运动员

我们生下来都是一块白板

一群被称为行为主义者的心理学家开始在巴甫洛夫经典条件反射理论的基础上，来研究人们行为表现的原因。华生（John B. Watson）坚信儿童都是"白板"——他们生下来没有任何知识，而且可以通过经典条件反射来教会他们任何事情。在他看来，人类的情感诸如恐惧、愤怒和爱是他们做出何种行为的关键所在。他表明，可以将上述情感反应之一和某一刺激之间建立条件反射，就像巴甫洛夫的狗被条件化做出一个物理反应（见下页的"小阿尔伯特"）。但是华生对人类的条件化操作是非常具有争议的，随后的心理学家们都不倾向于将人类特别是儿童作为被测试者进行条件化操作。

尝试和错误

其他行为主义心理学家继续使用动物做实验，他们相信通过动物的行为获得的结论同样适用于人类。桑代克（Edward Thorndike）设计出了一系列实验，展示了猫是如何学习去解决问题的。一只饥饿的猫被放入一个"迷笼"，它必须弄清楚如何使用某种机制，例如，使用一个按钮或者一只杠杆去打开笼子，以便逃跑或者获得食物。桑代克观察到：猫通过多次尝试和错误找到了这种机制，并且忘掉了任何无法成功的行动。他总结出一个结论：包括人类在内的动物，都是通过在行为和结果

跟随伊万·巴甫洛夫的脚步。

医生

给我一打健康的婴儿······
我可以担保，随便拿出来一个，都可以训练他成为
任何一种专家。

华生

之间建立联系来学习的。他强调，成功的结果或者奖励加强了这些联系，由此导致的重复行为则使这些联系进一步加强。格思里（Edwin Guthrie）也通过"迷笼"研究了动物，他赞同动物们学着将行为和奖励联系起来这一结论。不同于桑代克，格思里断言不需要任何重复的行为去加强学习过程。他列举了一只发现过食物来源的老鼠来解释这个观点："一旦一只老鼠到达过我们的粮袋，它一定会再回来的。"

参见：第26~27页，第28~29页

小阿尔伯特

华生在一个9个月大的婴儿"小阿尔伯特"身上做了几个具有争议性的实验：他将一只白鼠（或其他白色的毛茸茸的东西）的出现与可怕的噪声联系在了一起。小阿尔伯特变得条件性地害怕任何白色和毛茸茸的东西。现在对人类被测试者以这种方式进行实验被认为是不道德的，因为它可能会导致长期创伤。

你一定要接受教育

玩彩色块有助于儿童培养几何和空间意识。

我们通

一般从传统角度来说，学习只被视为简单地记忆信息，但是伴随着心理学家对我们学习知识的方式的研究，关于教育的想法也有所改变。他们发现通过死记硬背或者重复，并不是最好的方法——我们确实需要学习，但是我们学习的方式也非常重要。

记得更牢

心理学家们对我们学习知识的方式，以及我们的记忆是如何工作的抱有极大的兴趣。艾宾浩斯（Hermann Ebbinghaus）是19世纪的心理学先驱，他在研究记忆时发现，我们记东西时，所花的时间越长，记忆的频次越高，我们记得就越好。这个发现证实了"要想学得更好就要经常并且用功学习"这一观点的正确性。一个世纪之后，行为主义心理学家认为我们是通过经验学习的，并且当我们所做的事情得到回报时，我们就可以记住并且重复它。一些行为主义者，包括桑代克和斯金纳（B.F. Skinner），也都强调了重复对于强化学习的重要

性——复习你所学过的东西以便记得更牢。然而与艾宾浩斯不同，斯金纳强调每一个成功的重复都应该跟随某种奖励。他发明了一台"学习机器"，可以给予对问题回答正确的学生以奖励，并要求回答错误的学生重复题项。

理解是学习的关键

但是，即使是艾宾浩斯，也认识到彻底学会一些东西比简单地重复意味着更多。他发现，如果我们记忆的东西对我们有某种意义，我们会记得更好。后来的心理学家们再次验证了这个观点。他们关注我们学习时心理产生的变化，而不是知识是如何进入

> 提出挑战性问题的艺术和给出清晰答案的艺术同样重要。
>
> 杰罗姆·布鲁纳

EDUCATION

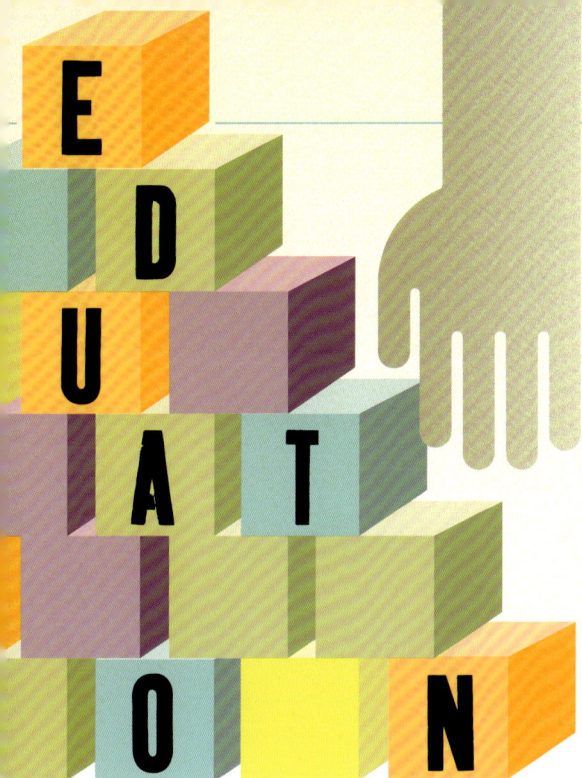

实践经验学得最好。

实践学习

不同年龄的儿童有不同的教育需求。皮亚杰强调了类似于做实验或者制造模型这种实践经验对儿童发展的重要性和意义。

躲猫猫

根据皮亚杰的观点，儿童只能学会适合他们发展阶段的东西。在一项研究中，皮亚杰向儿童展示一个玩具，然后在儿童的注视下把它藏在一块布下面。他发现8个月以上的婴儿知道要去布下面寻找玩具，而8个月以下大的婴儿则认为，当玩具被藏在了布下面时，它就不存在了。

参见：第16~17 页、第56~59 页

我们的记忆的。艾宾浩斯指出，相对于无意义的音节，我们对存在实际意义的东西记得更好。此后，心理学家们开始认为我们是通过赋予事物意义来学习的。沃尔夫冈·柯勒（Wolfgang Köhler）认为，在试图解决问题的过程中，我们深入了解了现象背后的机制。托尔曼（Edward Tolman）则更进一步，他认为我们每个人都用我们学过的概念构筑了自己关于世界的心理"地图"。布鲁纳（Jerome Bruner）综合了以上观点，并将心理视为一台信息处理器。他认为，学习不仅仅是将信息存储到记忆中，还包括思考、推理等过程。要把一样东西学好，我们必须先理解它。

通过实践进行学习

皮亚杰则从另一个角度阐述了关于学习的观点。他通过将儿童心理发展划分为不同的阶段来解释这个问题。他认为，儿童的学习是为了适应每个发展阶段的局限性而不断变化的过程。他融合了行为主义学家关于儿童通过尝试与错误进行学习（特别是在人生的早期）的理论；同时，他还采纳了认知主义的理论，认为我们通过赋予我们的发现以意义来进

教育的目的是培养有能力做新事物的人。

皮亚杰

行学习。但最重要的是，他强调教育应以儿童为中心——适应儿童的个人需求和能力，并鼓励儿童利用自己的想象力去探索世界并理解世界。在儿童早期阶段，这种对世界的探索是通过被我们认为是"玩耍"（但从儿童的观点来看这是非常严肃的）的形式来进行的。随着儿童的成长，学习最有可能通过实践经验，而非通过对老师或者书本传授内容的死记硬背来完成。

人物传记：

伊万·巴甫洛夫

1849—1936

巴甫洛夫出生于俄国梁赞，他的父亲是一名牧师。他最初学习神学，后来离开神学院，搬到圣彼得堡学习科学和外科医学。他成为军医学院的教授之后，又出任实验医学研究所所长。他最被人所熟知的是作为一名杰出的生理学家，他的工作奠定了行为主义心理学的基础。

狗的晚餐

巴甫洛夫以对分泌唾液的狗做实验而闻名。他注意到狗会在看见食物时流口水——他将此称为"无条件刺激引发的无条件反应"。这时，如果将一段铃声与食物的出现结合起来，那么只要铃声一响，狗就会开始分泌唾液。这个过程展示了一个特定的反应和一个特定的刺激的联结，即经典条件反射。

反应消退

在随后的实验里，巴甫洛夫发现这种条件发射是可以消退的。例如，对于已经被条件化、听到铃声就会分泌唾液的狗，如果食物在铃声过后没有出现，那么它们就会慢慢"忘却"分泌唾液的反应。巴甫洛夫还发现，如果刺激和某种惩罚（如电击）联系在一起，那么动物们可以被条件化为做出恐惧或者焦虑的反应。

> "看到**可口的食物**可以让一个**饥饿的人**流口水。"

巴甫洛夫连续4年被提名诺贝尔奖，最终于1904年获得诺贝尔生理和医学奖。

严格控制的条件

巴甫洛夫的发现和研究方法对心理学家产生了双重影响。作为一名合格的科学家，巴甫洛夫在严格的科学条件下进行了实验。19世纪末，心理学刚刚开始作为一个单独的学科出现，通过采用巴甫洛夫的系统实验方法，心理学家建立了实验心理学这一新科学。

发声

在俄国革命和苏联共产党成立期间，沙皇政府被推翻，巴甫洛夫时任实验医学研究所主任。虽然新政府对他非常尊重并高度重视且继续资助他的工作，巴甫洛夫还是谴责了新政权。他的批评相当大胆，并给当时的苏联领导人写了很多封信件抗议其对俄罗斯知识分子的迫害。

生活与学习

是

我们依靠自身的力量，通过探索和发现学习新鲜事物，父母和老师只是给我们提供指导和鼓励。

是和否

我们是靠自身来开展学习的，但学习的过程是社会化的，是和他人一起进行的，而且需要有指导者来演示如何参与到这个学习过程中去。

否

我们只能从他人那里学到东西。我们必须与同辈以及我们在其中成长的社会有所互动，且需要来自父母和老师们的教诲和指导。

我们能够独自学会某种东西吗？

过去，比较常见的是父母和老师们传授给年轻人信息，并教他们如何做某件事情。但新的观点表示，儿童是通过自己的探索和发现来开展学习的。心理学家们开始思考我们依靠自身到底可以学到什么程度，以及在学习过程中是否需要他人的教导。

年轻的科学家

皮亚杰是最早质疑传统上父母和老师在儿童教育中扮演的角色的人之一。他认为，成年人不应该试图将知识和技能灌输给儿童，相反，只要单纯地鼓励他们自己去学习就好。皮亚杰相信，儿童应该去探索、依靠自己变得更加有创造性，这样他们才能了解自身周围的世界。他的理论的核心基于这样一个观念——学习是一个私人化的过程，每一个儿童都应该独自经历。他将儿童比喻成一名科学家，通过做实验来发现事物是如何运作的，通过观察并理解实验结果来掌握事情的原理。皮亚杰的这些想法非常具有影响力，启发了更多以儿童为中心的教育制度，在这种教育制度中，儿童在实践活动中学习，而非只是进行被动的观察。

> 花时间在绿色的室外空间玩耍或许可以帮助孩子们学习创造性技能。

年轻的学徒

皮亚杰的理论相当具有革命性，但并非所有的心理学家都同意他的观点。例如，维果斯基（Lev Vygotsky）强调他人在儿童教育中的重要性。他相信教师仍应发挥指导作用，不断指导学生学习什么和如何学习，而不是让他们全靠自己。他拒绝将儿童的形象类比成靠自身做出发现的科学家，他认为儿童更像是从他人那里学习知识和技能的学徒。虽然我们自身确实也能有所发现，但他坚信学习是一个互动的过程。我们从父母和老师身上，以及更广阔的文化环境中吸收价值观和知识，然后学习使用学到的知识。在此过程中，我们也会用到自身的和从同辈身上学到的知识。20世纪后期，维果斯基观点的复兴引领了一波从以儿童为中心到以课程为中心的教学转变，其中的课程都遵循某种既定准则。

> 锻炼之后，你的身体会释放一种促进大脑吸收信息的化学物质。

二者融合

皮亚杰和维果斯基代表了两种截然不同的理论。但二者都将学习描述为一种儿童积极参与的过程，这个观点得到了认知心理学家布鲁纳的青睐。和皮亚杰相同，他认为儿童并非像传统观点认为的那样被动地接受知识，而是通过探索和发现获取知识。他也赞同学习是每个儿童必须亲身经历的过程。但他也有和维

指导即教会学生参与到学习过程中去。

布鲁纳

果斯基类似的观点，认为学习是一个社会化的过程，不是独自进行的。在学习过程中，我们必须通过亲身经历去了解事情的意义，和他人一起进行将有助于这个过程的开展。对布鲁纳而言，指导者（父母或老师）的作用至关重要——并非去告知或者给孩子们演示他们需要知道什么，而是在学习的过程中引导他们。今天，大多数教育者都把握了相似的正规教学与实践学习的平衡。

参见：第16~17页、第20~21页

安排家具

要求两组儿童将家具物品放入玩具屋里的不同房间内。其中一组儿童都是独自完成任务的，另一组儿童和他们的母亲一同执行任务。当再次要求他们单独重复该项任务时，与第一次实验相比，第二组的儿童表现的提升要大于第一组儿童。这项结果表明，受到成年人鼓励的儿童学得更好。

通过他人，我们才变成了自己这种样子。

维果斯基

你为什么**这样做**

在成长的过程中，我们不仅学习了知识和技能，还学会了在日常生活中该如何表现。一些心理学家相信，儿童的行为是由他人，如父母和老师的赞许或批评所塑造的，而另外一些心理学家则认为，儿童只是简单地模仿我们看到的其他人的行为。

奖励行为

早期的行为主义心理学家，如华生和桑代克，证明了包括人类在内，动物都可以被条件化地训练去做特定的事情。由此他得出这样一个结论：行为是刺激和反应，或者说是经典条件反射的结果。后行为主义者斯金纳使用老鼠和鸽子进行了类似的实验，并证明不仅可以训练它们去做特定的事情，还可以训练它们不做特定的事情。他采用了一种"操作性条件反射"。这涉及到给予动物正强化（斯金纳更偏向于使用"奖励"这个词），即当它们成功完成一项任务时给予食物奖励，而当它们做出一些斯金纳不想训练他们去做的事情时，则以电击的形式给予其负强化（惩罚）。

人们都会模仿他人的行为——不管是好的还是坏的。

沾染坏习惯

班杜拉（Albert Bandura）认为儿童通过模仿他人的行为来学习。如果一个儿童听到成人使用一个辱骂的词汇，那么他很有可能会学着去重复这个侮辱性词汇。

我们在家的时候就开始养成习惯了：大部分儿童看电视的时间和他们的父母一样长。

斯金纳认为，操作性条件反射可以用于塑造儿童的行为，例如通过赞美使他们继续做同样的事情；他也表达了对于惩罚不良行为的担忧，他倾向于更多地使用正强化。虽然操作性条件反射解释了我们如何被教导做出某种行为，但它并没有告诉我们为什么这种行为是可取的或不可取的。

操作性条件反射可以用于塑造儿童的行为。

斯金纳（B.F. Skinner）

树立榜样

其他心理学家认为，并非父母、老师或者其他照料者通过奖励或者惩罚的方式就能完全决定儿童的行为。班杜拉（Albert Bandura）提出，儿童也会通过榜样来学习如何表现。通过观察其他人的行为方式，他们注意到不同情境下的行为存在不同的模式，进而推断这些行为在各自的情境下是合乎常规的——所谓社会和文化的规范。儿童记下他人是如何表现的，并在脑海中排练这些行为，于是在处于相同的情境下时，他们就知道该如何反应了。这种对行为进行"建模"，观察然后进行模仿，是被班杜拉称为"社会学习理论"的核心思想。

形成偏见

社会学习的另一个方面是我们会学习他人的态度。在某种程度上这是有益的，例如，可以借此塑造关于文化的信念，但是它也有负面作用。许多社会中的态度都存在包括种族主义在内的诸多偏见。1940年，心理学家克拉克夫妇（Kenneth Clark和Mamie Clark）研究了非裔美国儿童和同龄的白种人是如何学习态度的。给两组儿童都呈现一个白人娃娃和一个黑人娃娃，然后询问他们更喜欢哪一个。大多数儿童，无论是黑人还是白人，都更喜欢白人娃娃。这表明，他们已经从自己的社区中获得了黑人不如白人的态度，虽然对于黑人儿童来说，这个偏见是针对自己的。

参见：第18~19页，第28~29页

殴打娃娃

在班杜拉的一个实验中，一组儿童看到一个大人对一个"芭比娃娃"表现出攻击行为，另一组儿童则看到大人在静静地玩娃娃，还有一个控制组，儿童只看到娃娃而没有看到大人。当单独和娃娃待在一起时，见到过攻击性行为的儿童也会对娃娃暴力相向，但其他两组的儿童则不会。这证明了班杜拉的观点，我们是通过模仿他人来学习如何表现的。

你知道什么是**对**、什么是**错**吗

学习良好行为和不良行为之间的差别是成长中重要的一部分。行为学家认为这些好的和坏的行为受到奖赏和惩罚的影响，但是随后心理学家又提出：我们养成一颗"是非之心"的过程是有不同的阶段的。

> 研究中一个惊人的发现是：60%的人在10分钟的对话过程中至少撒一次谎。

道德教学

在很长的一段时间内，人们认为儿童的道德发展（学会分辨是非）是由教学决定的。行为主义心理学家认为道德行为可以通过训练塑造，良好的行为因奖赏而得到促进，而不良行为因惩罚而消退。但其他研究者也指出，大多数人并未犯下过严重的罪行及因此而受到惩罚，然而他们已经知道类似于谋杀这类的事情是错误的。尽管班杜拉提出我们通过模仿他人进行学习，但是，玩攻击性视频游戏的小孩子通常不会表现得很暴力，因为他们知道暴力行为是错误的。

道德发展有6个阶段。

科尔伯格

好。他提出，儿童通过和同龄人之间的互动发展出对与错、公平与不公平的概念，并发展出关于自身的想法。在游戏中，儿童不断地进步，逐渐发展出正义、平等和互惠（给予和索取）的观念，这几乎是完全与老师、父母或其他权威人物无关的。

在最简单的**社会游戏**中，存在着孩子们可以通过**自身发现**的规则。

皮亚杰

游戏的规则

皮亚杰的儿童发展研究在很大程度上聚焦于儿童的道德发展。他访谈了不同年龄的儿童，询问他们对于"不道德"的事情，比如偷窃和撒谎的看法，并观察他们玩游戏。正如普遍的心理发展规律一样，儿童发展出道德感的过程也是分阶段的。他发现，儿童通过亲自探索世界进行学习比通过老师的指导学得更

向正确前进的步伐

在皮亚杰提出道德发展理论的25年后，科尔伯格（Lawrence Kohlberg）对道德发展的理解更讲了一步。他赞同儿童通过几个阶段逐步发展出道德感的观点，但他认为通常情况下，道德感并非仅仅来自于儿童自身，权威人物和社会的确会对儿童造成影响。他还认为，在童年到青春期，道德是按照6个不同的阶段持续发展的。在第一个阶段，儿童关注于避免惩罚；在第二个阶段，他们意识到特定行为可以得到奖赏；在第三个阶段，儿童为了被看作是"好孩子"，试图遵照他人的期望（社会规范）去行动；在第四个阶段，儿童识别出权威人物（如父母）制定的用来控制行为的那

对与错

心理学家认为我们并非生来
就知道对与错，而是在成
长中逐渐获得了对错
的观念的。尽管如
此，对与错之间的
界限依然不那么
清晰。

对

错

你的道德指南针告诉了你什么？

参见：第16~17页、第18~19页、第26~27页

些规则；成长到青春期，儿童开始理解
规则和社会规范的缘由，以及他们的行
为是怎样影响他人的；在最后一个阶
段，他们基于正义、平等和互惠的原则
形成道德感。

通过判断

在一个道德发展研究中，孩子们观
看了一个木偶剧。把一个球传到一
个木偶那里，木偶把球传了回来；
再把球传给另外一个木偶，而第二
个木偶带着球逃跑了。然后，这些
木偶会接受处罚，要求每个孩子从
一些处罚方法中选出一种。大多数
人从中选择了对"顽皮的"木偶的
处置，一个"正直的"1岁的孩子
还给了木偶一巴掌。

人物传记：

玛丽·艾斯沃斯

1913—1999

艾斯沃斯以儿童发展研究，尤其是对母子关系的研究而著称。她出生在美国俄亥俄州，随后在加拿大长大，在多伦多大学学习心理学。1950年，她和丈夫英国心理学家莱昂纳德·艾斯沃斯（Leonard Ainsworth）移居到了伦敦，并和鲍比一起在塔维斯托克诊所工作。她于1956年回到了美国，并在约翰·霍普金斯大学和弗吉尼亚大学执教。

人才招聘

在第二次世界大战期间，艾斯沃斯在加拿大女子军团工作，并被授予了陆军少校军衔。在那里，她通过面试士兵来选择合适的军官候选人。这使她积累了宝贵的经验，掌握了访谈、保存记录和解释结果的技巧，并激发了她对人格发展心理学的兴趣。

在非洲的经历

20世纪50年代，艾斯沃斯在非洲的乌干达待了几年，研究部族社会中母亲与其小孩子的关系。在长达9个月的时间内，她定期访谈有1个月到2岁婴儿的母亲。她探索出关于联结和依恋的理念，以及母亲对其孩子的需求所具有的敏感性的重要性。

她是罗夏墨迹测验（Rorschach test）的专家，这项测验是通过人们在墨迹中发现的图案来评估人格的一个方法。

陌生
情境实验

1969年，艾斯沃斯设计了一个实验——后来被称为"陌生情境实验"（Strange Situation）——来研究母子之间不同类型的依恋。她观察了一个1岁的孩子在以下情境中的表现：首先有母亲在场，接着母亲和一个陌生人同时在场，然后母亲离开，孩子单独与陌生人一起，最后母亲返回房间。不同孩子的不同反应方式是由母子关系的强度决定的。

"依恋"是在空间和持续的时间中一个人与另一个的情感联结。

全职妈妈

艾斯沃斯强调了孩子与他的照料者形成依恋的重要性，但是她并不认为妈妈必须为此而牺牲她们的事业。她认为对母亲来说，同时兼顾工作和照顾孩子是有可能的，并非一定要变成全职妈妈。她还认为，更多的研究需要关注父亲的角色及父子联结的重要性。

你的主观年龄就是你在内心深处所感知到的年龄。大多数人认为自己比实际年龄年轻。

你的社会年龄体现在你喜欢参与的活动，以及你的选择和态度之中。

活到老，学到老

在我们慢慢变老的过程中，经历了多个发展阶段。在我们职业生涯的末尾，大约65岁时，我们进入了生命的最后一个阶段（在现代，这个阶段已经可以延续30年或以上）。"老年"经常被认为是一个衰退的阶段，但是人们在这一阶段也可能产生一些新的变化和新的兴趣。

> 过去曾经存在，未来将要到来，而我们活在当下。
>
> 罗伯特·卡斯登堡

老年的烦恼

埃里克森将老年描述为人生8个发展阶段中的最后一个阶段——对我们来说，这是一段可以从容度过、回忆生命中早期阶段的时光。但在20世纪50年代他提出这一观点之后，人们对老年的态度发生了变化。现在的很多人在退休之后还度过了很长的一段时间，所以通常认为老年阶段是可以进一步发展的时期。不幸的是，并非每个人都有在生命的最后时期继续发展的机会。我们身体机能的下降可能会妨碍我们从事或继续一些活动。在老年阶段经常出现的一些身体的问题也对我们的心理能力具有更加直接的影响。比如，中风会造成大脑损伤，从而导致身体和精神的障碍。还有与老年相关的神经退行性疾病（损伤脑或神经系统的疾病），比如帕金森综合征和阿尔兹海默氏病（俗称老年痴呆症）。

年纪与智慧

老年时期，我们的身体机能可能会变差，但心理能力却不是必然变坏的。桑代克认为，除非患了神经退行性疾病，尽管我们的记忆力会随着年龄的增加略微下降，年老的人几乎仍然可以继续像年轻人一样学习——只是学习的速度不那么快了。近年来的

年龄可以用多种方式进行测量。

我的年龄

根据心理学家罗伯特·卡斯登堡的观点，除了我们的实际年龄之外，还有3个不同的年龄。相比于实际年龄，大多数"老"人认为他们外表看上去更老，但内心感觉更年轻。

你的生理年龄反映了你认为你的外表看上去的年龄，以及你觉得在他人眼中你看上去的年龄。

世界人口在逐渐老龄化，在接下来的50年里，60岁以上人群的比例会是现在的两倍。

参见：第16~17页、第42~43页

测验还发现，智力也几乎不受影响地保留了下来。尽管老年人解决新问题的能力可能降低了，但他们的知识和智慧也相对增高了。因此，退休阶段也许是一个开始发展新的兴趣（尤其是涉及精神活动的那些）的理想时期。这可能无法防止心理能力的下降，但总的来说，它已经被证实可以提升生活的质量。

心态决定年轻状态

尽管我们认为达到某一年龄的人就是"老年人"了，但是老年也有不同的阶段，老年人对他们年龄的态度影响了他们的生活方式。罗伯特·卡斯登堡（Robert Kastenbaum）用一个名为"我的年龄"的问卷告诉我们，年龄是可以用多种不同的方式测量的。除了实际年龄，他询问参与者认为自己的身体在自己和他人眼中的年龄（他们的生理年龄），自己的活动、思想、观点和态度所对应的年龄（社会年龄），以及他们在内心深处感觉自己多大了

空手道

在德国的一项研究中，研究者给予67~93岁的一组老年人多种形式的训练。一些人只做思维训练，另一些人只做身体训练，而第三组人学习空手道。几个月后研究者发现，在学习空手道的过程中，身体和心理的联合训练极大地提升了参与者情绪上的幸福感和生活质量。

（主观年龄）。意料之中的是，大多数人认为他们比自己的实际年龄更加年轻。

注意谁在讲话

婴儿在刚出生的前几个星期会咿咿呀呀地模仿父母的言语。婴儿早期就开始辨别语言，与他人相比，婴儿更喜欢自己父母的言语。这也解释了为什么父母与他们的小宝贝对话如此重要。

实践学习

发展心理学家提出，如果儿童拥有运用想象力的自由，他们可以学得最好。蒙台梭利学校就基于这一理念，鼓励学生通过亲自动手的实践活动和与同龄人的讨论来独立地开展学习，而不是通过老师的指导来学习。

现实世界中的
发展心理学

迷信行为

一些行为心理学家提出，对一种反应偶然地加强会导致迷信行为。比如，每次你穿一双特定的袜子都能命中三分球，你可能会将穿这双袜子与打球好联系起来，然后每次比赛的时候都会穿着它。

越大越聪明

当我们逐渐长大，我们也的确变得更加聪明。我们需要很长时间来发展做出良好决策的能力。在二十几岁之前，负责决策行为的大脑额叶会持续发育。所以如果你不确定要做什么的时候，可以向你的父母或老师寻求建议。

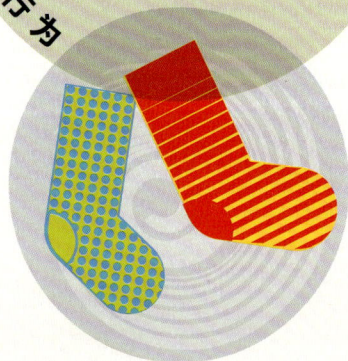

儿童手推车制造商开始生产面朝后方设计的手推车，他们的依据就是在心理学研究中发现，父母与孩子之间的交流对于减轻婴幼儿的紧张感非常重要。

安全感

不快乐的家

心理学家发现不良的家庭环境会损害孩子的情绪发展，经常导致儿童学业表现不良和反社会行为，而这一问题会持续到成年时期。为了预防青少年未来的犯罪行为，对他们的再教育应关注他们的家庭生活。

随着年龄的增长，我们的行为和技能也在发生改变。发展心理学家研究了人们发展所经历的阶段和影响发展的因素。他们的研究对人们对儿童的照料和教育有着巨大的影响，并且通过找到特定行为与早年生活中的问题之间的关联，帮助我们对这些行为做出解释。

不良影响

一些心理学家提出，电影和视频游戏中的暴力镜头会让儿童变得暴力。这一理论并没有得到确实的证据支持，但是对这一问题的关注使人们引入了对电影和游戏的年龄分级（如PG、PG-13和R级），以此作为一种预防措施。

大多数人记不住3岁之前的任何事情。这可能是因为，我们编码和提取记忆的方式在这一年龄阶段发生了变化。在童年早期，我们与照料者之间建立联结。这一阶段对我们的发展至关重要，这一时期的经历会对我们具有持续性的影响。

遥远的记忆

你的**大脑**都在
做什么

你的心理是否等同于你的大脑

你的大脑里发生了什么

大脑损伤能够告诉我们什么

什么是意识

做梦……

生物心理学将对大脑和神经系统的生理结构和功能研究与心理学结合了起来。生物心理学家使用现代成像技术来探究我们的大脑里在发生什么，以及大脑和神经系统的运作方式如何影响我们的思想、感觉和行为。

你的**大脑**里 发生了什么

神经系统是由被称为神经元的神经细胞构成的。神经元彼此之间相互交流，在大脑中传递着化学信号和电信号。现代脑扫描技术已经能够让我们间接地观察并测量这些信号，进而推测它们如何与我们的心理功能和过程相联系。

传递信号

第一个研究神经元的人是19世纪的意大利科学家高尔基（Camillo Golgi）。他发明了一种细胞染色的方法，帮助他看到信号传递的路径。圣地亚哥·拉蒙·卡哈尔（Santiago Ramon Cajal）在高尔基的基础上进一步发现，神经细胞之间实际上并没有相互连接。它们通过一种被称为突触的结构来彼此通信：每个神经元"触发"一种电或化学信号，这些信号可以激活相邻的神经元。信息可以沿着神经元组成的路径前进，形成一条从大脑到身体其他部分的通路。感觉（受体）神经元将包含着触觉、视觉、听觉、味觉和嗅觉的信息通过神经系统传递到大脑，运动（效应）神经元则将大脑发出的信息传递给身体的其他部分，例如肌肉。药物，比如酒精，就是通过改变突触传递的通信过程的性质来影响大脑的。

> **一起触发的神经元**连在一起。
>
> 赫布

> 大脑的神经通路是不断更新的。

神经回路

除了向大脑发送信号和从大脑向外发送信号之外，神经元也在大脑内部相互通信，形成神经通路。这些神经元连接的模式与大脑的不同功能有关，例如思考、移动和说话。加拿大神经心理学家赫布（Donald Hebb）发现，当我们重复做某件事时，脑细胞之间的通信也是重复的，所以这些脑细胞之间的连接会变得更强，这就使得未来脑细胞之间更有可能通过相同的神经通路相互通信。通过这种方式，大脑就"学习了"神经联结与特定活动或心理功能之间的关联。赫布将这种大脑活动的模式称为"联合"。这些联合有效存储了大脑执行各种功能所需的信息。它们不只是沿着单行神经元的简单的通信通道，也可以是复杂的相互连接的神经通路。在同一时间经历不同事情的次数越多，联结之间的强度就越强，例如和某个朋友看某部电影，会导致这个朋友和这部电影这两个概念在我们的心中彼此相连。赫布认为这就是我们长时记忆中信息被存储的方式。

钢琴调律

一项针对大脑活动的研究，要求志愿者们每天练2小时的钢琴，共持续5天。之后，检验显示，他们大脑中的神经通路发生了"重组"，为用于练习的神经联结让出了更多的空间。其他参与者没有进行实际练习，他们只在头脑中排练钢琴，结果显示他们的大脑也产生了同样的重组。

> 我们头脑中惊人的纷乱让我们成为了自己。
>
> 科林·布拉克莫尔

变换轨迹

脑扫描技术已经可以让神经科学家更准确地观察突触传递。神经科学家科林·布拉克莫尔（Colin Blakemore）已经证明，尽管大脑的不同功能对应着不同的特定活动模式，这种对应却并不是永久的，它在我们的一生中都可能发生变化。随着时间的推移，我们做着不同的事情，在不同的环境中过着不同的生活，神经通路就会随之调整。这个调整过程被称为神经可塑性或者脑可塑性。神经元与不同的相邻细胞通信形成新的通路，以响应行为或环境的变化。当大脑受到损伤时，它们甚至可以形成全新的模式来替代现存的模式。

如果将一个人脑中的所有神经细胞和神经纤维头尾相连，其长度能达到地球和月亮之间距离的两倍。

参见：第46~47页、第64~65页

大脑损伤能够

在我们的大脑中，每秒都有成千上万的信号从一个神经元传递到另一个神经元。根据我们正在做的或者想的事情的不同，这种电化学活动在大脑的不同区域里加速。当大脑的一部分被损坏时，这种大脑损伤对特定心理功能的影响将会以清晰的方式展现出来。

> 当某部分大脑遭受损伤时，大脑的其他部分可以代替受损部分的作用。
>
> 拉什利

言语障碍

如果一个人直接去捅你的大脑，你不会有任何感觉——大脑本身不能感觉疼痛。

19世纪中叶，法国医生保罗·布洛卡（Paul Broca）接收了一名绰号为"TanTan"的患者，该名患者无法说出"tan"之外的任何词汇。"TanTan"死后，布洛卡解剖了他的大脑。他发现，大脑的部分额叶畸形，并得出结论：这一畸形区域与语言的产生相关联。几年后，卡尔·维尔尼克（Carl Wernicke）发现大脑另一个区域的损伤影响了语言理解的能力。这些发现标志着对大脑研究的转折点，并表明研究受损的大脑非常有助于我们理解大脑的结构，以及它如何影响我们的行为。

是什么？在哪里发生？

现代扫描技术，如功能性核磁共振和CT，使科学家可以观察当人们在做不同的事情时，大脑的哪些部分是活跃的。就像布洛卡和维尔尼克发现了和语言相关的区域，神经科学家已经能够将大脑的其他区域与其关联的功能相"映射"。但并非所有的心理机能都是如此精确定位的。例如，长时记忆就涉及所有脑区的活动。一个著名的案例是癫痫患者"HM"，他的部分大脑在1953年的手术中被切除。手术成功控制了癫痫，但却严重影响了他的记忆——他还记得如何做某些事，但却记不得自己做过什么。科学家对HM进行了广泛的研究，直到他于2008年去世。研究发现，手术对HM大脑造成的损伤比之前想象的更加宽泛，因而很难识别出哪些被切除的部分导致了他的记忆问题。脑损伤的效果也并非一定是持久的。美国心理学家卡尔·拉什利（Karl Lashley）认为，不仅某些机能涉及多个脑区，而且当这些脑区被损坏时，大脑的其他区域有可能能够接替这些脑区的功能。这可能解释了为什么一些失去语言或者运动能力的中风患者，能够通过训练恢复这些机能。

菲尼亚斯·盖奇

1848年，美国铁路工人菲尼亚斯·盖奇在事故中被一根铁棒刺穿了头颅，大脑的很大一部分额叶被损坏。盖奇存活了下来，但却表现出性格的改变和非典型性行为的发生。这是第一个启示我们性格等心理机能与大脑的特定区域存在联系的案例。

告诉我们什么

你的大脑有两个半球

其他关于外科手术对大脑影响的研究也为我们揭示了大脑是由两个不同但相连接的半球组成的——左半球和右半球。罗格·斯佩里（Roger Sperry）发现，将两个半球进行手术分离（即割裂脑，一种治疗癫痫的方法）会产生一些有趣的副作用。在研究割裂脑患者的实验中，斯佩里发现，左眼接收到的信息是由右半球大脑来处理的，反之，右眼接收到的信息是由左半球大脑来处理的。他的许多病人都无法命名由大脑右半球处理的对象，但却能够命名由大脑左半球处理的对象。基于这些研究，斯佩里提出，语言能力是由大脑左半球控制的，而大脑的右半球拥有一些其他的能力。

前运动皮层决定了移动身体的方法和时机。

初级运动皮层控制可以让身体运动的肌肉。

感觉联合皮层通过分析从初级感觉皮层传来的信号来辨认感觉。

初级感觉皮层接收来自身体表面，例如指尖的信号。

视觉联合皮层通过处理视觉信息使得我们能够与周围的环境互动。

前额叶皮层与智力、个性、计划的制订及决策有关。

如果布洛卡区遭到损坏，我们会变得不知道想要说什么，也无法说话。

初级听觉皮层接收来自耳朵的信号，并分辨音量和音高。

维尔尼克区让我们能够理解书面语言和口头语言的意义。

初级视觉皮层接收来自眼睛的信号并识别基本的形状和颜色。

听觉联合皮层通过分析从初级听觉皮层传来的信号来识别声音。

当大脑的某个区域受损时会发生什么？

人物传记：

圣地亚哥·拉蒙·卡哈尔

1852—1934

卡哈尔是神经科学的先驱之一，他出生在西班牙纳瓦拉。他的童年很叛逆，常因反叛行为惹上麻烦。后来他在萨拉戈萨大学医学院就读，跟随父亲学习解剖学。之后他在军队中作为军医服役，并研究了神经系统的结构。他的研究对生理心理学的发展有很大的影响。

命名神经元

被称为"神经科学之父"的卡哈尔是第一个对神经细胞（现在被称为神经元）进行描述的人。他还演示了这些细胞如何相互沟通并传送信息到大脑的各个部分。1906年，他凭借自己对脑细胞的研究成果获得了诺贝尔生理或医学奖（与卡米洛·高尔基一起）。

卡哈尔11岁的时候因为用自制的加农炮轰碎了邻居家的大门而入狱。

"**大脑**是一个由多块**未曾开发**的'**大陆**'和大片延伸的**未知'领土'**组成的**世界**。"

有天赋的艺术家

在儿童阶段早期，卡哈尔就展示出了绘画的才能，这在今后的神经科学研究工作中也发挥了作用。他在微成像技术发明之前就已经在研究神经细胞了，他画了数以百计错综复杂的图片来记录在显微镜下看到的东西。这些图片直到今天仍被用在教科书中。

也被称为细菌博士

卡哈尔是一位多产的科学家。除了包括病理学和神经系统在内的与科学主题相关的过百种著作，他还以批判西班牙社会和政治的讽刺作品而闻名。1905年，他又以细菌博士的笔名出版了一部科幻小说故事合集。

探索未知

除了在大脑和神经系统的生理研究方面的工作，卡哈尔还对不能被科学解释的东西感兴趣，如催眠是如何工作的——他甚至催眠自己来帮助妻子生产。他还写了一本关于催眠和超自然的书，不幸的是，他于西班牙内战之间去世后，这本书便遗失了。

什么是**意识**

我们都知道有意识是什么样的感觉——能够意识到我们自己及周围的世界。我们还能识别出不同类别的无意识状态，例如陷入沉睡的状态或麻醉状态。即使如此，心理学家们在尝试用科学术语解释意识的时候仍然困难重重。

意识流

早期的心理学家，包括威廉·冯特（William Wundt）和威廉·詹姆斯（William James），都认为整个心理学的目的就是描述和解释人们有意识的行为。意识是一种个人经验，因此当时他们探究意识的唯一方法就是内省法——观察自己内心在想什么。通过内省，詹姆斯注意到他的有意识的想法是在不断变化的。比如，他可能正在思考或者做着一件事情，当别的什么事情涌上心头时，之前的想法很快就被另一个想法打断了，等等。然而，詹姆斯也注意到，这些不同的体验似乎汇聚在了一起，从一个想法转向另一个想法，他把这种现象称为"意识流"。

脑海中关于苹果的形象结合了许多相关的想法

苹果联想

当看到一个苹果时，我们的大脑不但能认出这是一个苹果，还能让我们想起和苹果这个词有关联的一切——从馅饼到高科技产品。这就是朱利奥·托诺尼所谓的有关人类意识的一个例子。

> 我们都知道"意识"的含义，但却无法给其一个明确的定义。
>
> 威廉·詹姆斯

意识的层次

那么，意识到底意味着什么呢？意识意味着我们能够有所感知，或者了解自己正在做的及正在思考的事情。毕竟，"有意识"地做某件事，和不加思考的自动化行为是不同的。或者，意识可能简单地代表清醒着，而不是处于睡眠、麻醉或因头部受击而导致的昏厥状态。和詹姆斯一样，西格蒙德·弗洛伊德（Sigmund Freud）也被意识所吸引。与詹姆斯不同，弗洛伊德关注的不是对有意识状态的解释，他区分了意识的3个层次：意识（我们能够认识到的）、前意识（我们能够让自己认识到的）和无意识（我们所压抑的）。弗洛伊德对无意识的定义已经不再被普遍接受，但意识的不同程度仍让心理学家们很感兴趣。

科学解决方案

现代神经科学认为，意识与无意识的界限并不分明——即使是处于昏迷中的人，他的大脑也还是活跃着的。神经科学家们观测了多种意识状态下的大脑活动，帮助生理心理学家使用更科学的解释取代由内省法得出的理论。生物学家弗朗西斯·克里克（Francis Crick）比较了健康的人和长期处于植物人状态的人的大脑活动。他发现，在有意识的大脑中，前额叶皮层的活动比无意识的大脑活动更多，并由此推断前额叶皮层与意识有关。最近一项由神经科学家托诺尼（Giulio Tononi）提出的理论认为，意识是负责联结来自感觉、记忆和思维中的信息的，是各种大脑结构相互连接的产物。他将这个想

> 从信号接收和动作协调的数量来看，你的大脑比一台超级计算机还要强大。

> # 你的快乐、悲伤、记忆、抱负，以及对个人身份和自由意志的感知，事实上不过是庞大的神经细胞集合所表现出的行为罢了。
>
> 克里克

法类比为拍摄苹果的相机。相机接收的图像是由很多不同的像素组成的，但相机将各个像素分开处理，而不把苹果视为一个整体。相比之下，我们的大脑则能够把单一的像素联系起来，并在我们的脑海中呈现出一张完整的图像，还能使我们回忆起和苹果这个概念相关联的一切。因此，除了大脑中的活动数量，大脑的互连程度也影响了我们的意识的层次。

参见：第40~41页、第48~49页、第50~51页

人物传记:

维莱亚努尔·拉玛钱德兰

1951—

神经科学家维莱亚努尔·拉玛钱德兰（Vilayanur Ramachandran）出生在印度泰米纳德邦。他的父亲在联合国工作，因此他们经常搬家。拉玛钱德兰在泰国的马德拉斯和曼谷上学。他在马德拉斯学习医学，后来搬到英国，在剑桥大学获得了博士学位。在去美国定居之前，他是牛津大学的一名研究员，现在他是加州大学心理学院的一名教授。

视觉

拉玛钱德兰采用一种非传统的方法进行神经科学的研究。相比于最新的成像技术，他更倾向于采用实验和观察的方法来探索大脑是如何工作的。他最近的一些研究聚焦于大脑处理视觉信息的方式。他发现了很多视觉效应或视觉错觉，增加了对于人们如何处理视觉信息的理解。

丢失的肢体

拉玛钱德兰以对"幻肢"的研究最为出名——截肢者仍然对被截断的肢体有所知觉。为了帮助缓解这些患者有时会感觉到的不适，他发明了一种镜子盒。这种盒子可以映射出一段健在的肢体，让患者可以将他们的感觉和一个视觉图像关联起来，制造一种拥有假肢的假象。

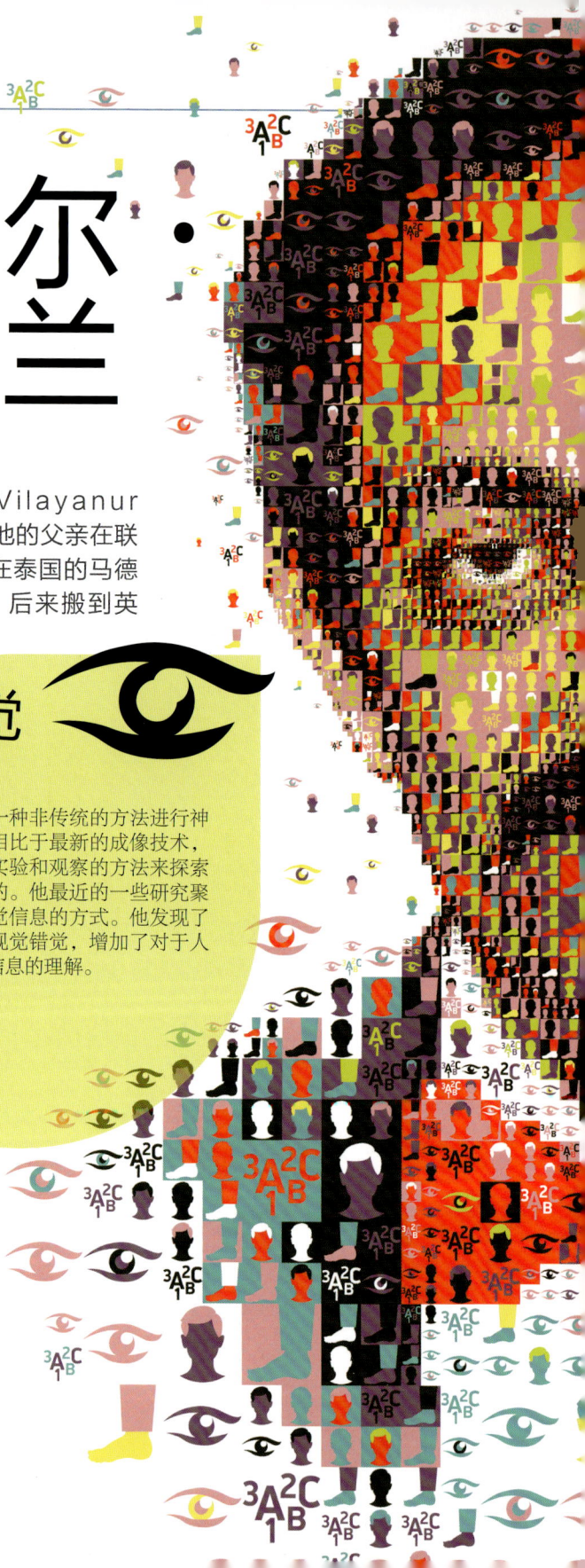

"任何**猿猴**都能够到**香蕉**，但只有**人类**可以够到**星星**。"

调查**冒名者**

拉玛钱德兰研究大脑工作方式的方法之一，是研究具有异常神经综合征的患者。例如，患有卡普格拉妄想症（冒充者综合征）的人坚信某个亲戚已经被冒名者顶替。拉玛钱德兰认为，这种表现源于患者大脑中用于识别面孔的颞叶皮层与处理情绪反应的区域失去了联系。

2011年，《时代》杂志将他列为"世界上最具影响力的人"之一。

交叉的线

有些人可以感受到不同的字母。不同的数字甚至星期中不同的天都有不同的颜色甚至个性。这被称为联觉，是一种自动且非自愿的体验。拉玛钱德兰将这种现象解释为：大脑中通常情况下互不相关的区域被连接在了一起——当一个区域受到传入信息的刺激时，它也触发了另一个区域的反应。

$3A^2C_1B$

做梦

睡觉是我们日常生活中不可或缺的一部分。缺少了规律的睡眠，我们就很难正常发挥生理或心理功能。通过研究沉睡之人的大脑活动，以及观察当睡眠模式被打断时会发生什么，心理学家们开始理解为什么睡眠如此重要。

有启示作用的梦
弗洛伊德认为当我们睡着时，会释放清醒时被压抑的欲望和恐惧。

打哈欠具有传染性——即便只是读"哈欠"这个词都能让人想打哈欠。

睡眠的阶段

有些人认为睡眠只是一个让身体和心灵在工作之后得到复原的机会——当感觉累时，睡上一觉，醒来之后就会精神焕发。同时，睡眠也可能有其他的功效。科学家发现，一个典型的夜晚内，我们会经历四五轮睡眠，每一轮持续约90分钟。一轮睡眠包括4个程度逐渐加深的睡眠阶段。在前3个非快速眼动（NREM）睡眠阶段，肌肉放松，大脑活动、呼吸和心率均减慢，但此时可能还在辗转反侧。在第四阶段——快速眼动阶段（REM），呼吸和心跳会加速，但肌肉是松弛的，所以在这个阶段无法移动身体。尽管眼睛是闭着的，但是眼球会快速转动，这一阶段大脑的行为模式几乎如同醒着时一样。这

> 如果我们的大脑中没有**生物钟**，我们的生活将一片**混乱**，我们的行动将**杂乱无章**。
> 科林·布拉克莫尔

个阶段是我们做梦的阶段。

青少年时差

研究发现，青少年早上的学习效率更差，因为此时他们仍缺乏最终阶段的睡眠。神经科学家拉塞尔·福斯特（Russell Foster）解释道，在10~20岁，生物钟由于激素原因而发生偏移。这意味着青少年需要比成人晚起两小时左右。

做梦的意义

大脑在睡眠时不会"关机"。事实上，大脑在快速眼动期（REM睡眠阶段）和醒着时同样活跃。与其说在我们做梦时处于一种无意识状态，不如说我们进入了一种不同的意识状态——许多心理学家认为，这是睡眠最重要的作用。弗洛伊德和他的追随者们认为，在梦里我们可以做或者说出那些醒时压抑在内心的事情。弗洛伊德将解析梦境作为一种解读潜藏的无意识心理的途径。其他心理学家认为，梦给了我们一个在脑海中对现实生活中的场景进行彩排的机会。例如，科学家安迪·瑞文苏（Antti Revonsuo）指出，在REM睡眠阶段，控制战斗或逃跑的脑区比平时更加活跃。很多人能够在梦里解决问题，一些创造力丰富的艺术家经常在睡觉时得到

大部分人每晚会做一两个小时的梦，并有多达7个的梦境。

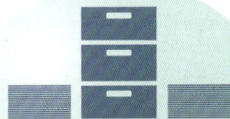

了解梦的含义

战斗或逃跑

瑞文苏认为，在梦里，我们会排演在现实生活中有实用性的情景，例如脱离危险。

归档系统

我们可以利用做梦来组织我们的想法和记忆，为新的信息腾出空间。

灵感，进行写作、作曲或者绘画。另外，做梦的过程也能够重新组织大脑中的想法和观点，对大脑进行整理，从而为新的信息腾出空间。

关注你的生物钟

正如睡眠遵循某种模式一样，我们也有一个告诉我们何时该睡觉的内部"生物钟"。我们通常遵循着自然的昼夜交替规律，睡眠和觉醒的节律也有其自身的模式。一般来说，我们清醒16个小时，然后睡8个小时，但其他的节律也能使我们快乐地生活。在一个实验中，法国洞穴探险家和科学家米歇尔·希佛莱（Michel Siffre）在地下待了7个月，对于地面上的昼夜交替完全不知。他遵循自己的生物钟，形成了一种一天

25个小时的模式。另一方面，如果被长期剥夺睡眠时间，我们会感觉到身体和精神上的不适，并更容易发生事故。事实上，睡眠剥夺有时会被用作一种酷刑，并可能导致死亡。现代生活经常打乱我们自然的睡眠模式，例如飞行时差、夜班或过长的工作时间。这意味着我们大多数人都没有得到足够的睡眠。

创造性的时期

音乐家和画家在梦里为他们的新作寻找灵感，常人也在梦里解决问题。

参见：第46~47页

神经元之光

当你闭上眼睛准备睡觉时，你是否注意到那些微小的光线和闪烁的颜色？那些闪烁正是在眼睛和大脑之间传递信号的神经元。即使眼睛是闭着的，这些神经元依然在不断地传递信息。

神经元是通过传输电信号工作的，因而它们会被强磁场所干扰。生理心理学家运用这种技术来研究大脑的不同部分是如何工作的。强磁场的效果包括暂时性的语言丧失、幻觉甚至宗教体验。

磁场

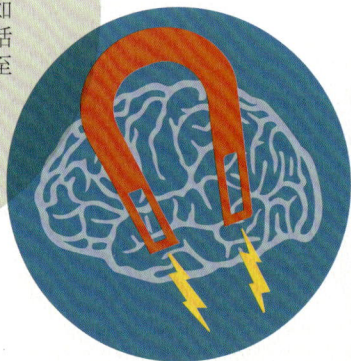

现实世界中的
生物心理学

你大脑的巅峰时期

你父母的大脑比你的大脑更简单。我们的大脑中新联结的数量在大约9岁的时候达到峰值，然后便开始减少，直到20多岁，联结数量的变化趋向平稳——这解释了为什么儿童比成年人更容易学习一门新的语言。

仍处于熟睡中

有时候某些人（梦游者）会在处于睡眠状态时起床、走动甚至打扫房间。人们通常以为，梦游者们在通过动作表达他们的梦境或者无意识的愿望。与此相反，生理心理学家已经证实，梦游发生在非快速眼动睡眠期间（NREM）——我们此时并未做梦。

研究发现，青少年拥有和成人不同的生物钟，对他们来说，比成年人晚起两小时会更好。因此一些心理学家主张，学校不应该在早上开课过早，而应制定符合青少年生物钟的课程时间。

生物钟

安全第一

想象将一个果冻放入一个具有锋利内表面的箱子里，然后摇晃它。这和猛击你的头部会发生的情况类似。生理心理学家发现，猛烈击打头部会对我们的行为和能力造成巨大的影响。这一研究结果说明，人们需要制定更严格的法律，要求骑自行车的人必须佩戴头盔。

生理心理学将我们的思维、情感和行为与大脑的生理机制联系在了一起。生理心理学家通过使用脑扫描技术来研究大脑的活动，试图为大脑异常和脑损伤导致的行为做出科学解释。

镜像，真实的反应

我们的大脑能对他人的身体动作和位置做出反应。当我们观察特定动作时可以激活一种镜像神经元，它能够帮助我们模仿动作并学习新的技能，例如跳舞或者网球里的绝杀一击。这就是我们通过模仿专家的动作学得最好的原因。

无法通过

我们的大脑中存在一个被称为血脑屏障的薄膜，影响大脑的药物必须由非常微小的颗粒组成，以便通过血脑屏障。和生理心理学家一起，科学家们正在试图制造能与毒品微粒结合的化学物质，使得毒品颗粒变大而无法通过血脑屏障，来帮助吸毒者戒除毒瘾。

你的思想如何
运作

什么是知识

决定，决定，决定

你为什么会有记忆

记忆是如何被存储的

不要相信你的记忆

信息超载

谨言慎行

你在自欺欺人吗

你如何理解这个世界

不要相信你的眼睛

认知心理学的研究对象是心理过程，而不是人类的行为。认知心理学家研究我们的大脑如何处理如何通过感官得来的信息，比如我们如何理解看到或者听到的信息。同时还研究我们如何学习语言和存储记忆。

什么是知识

我们所知道的东西——知识——是由我们所学到的关于周围世界的内容，以及如何在其中生存的内容组成的。当我们学习一些事情，比如一个事实或如何来做某项任务，我们就会把那些信息存储在我们的记忆中。而那些我们已经储存的和能记起的信息就是被我们称为"知识"的东西。

不要固着在事实上

在很长一段时间里，人们认为知识只包括事实，所以传统的教育方法注重于让学生们记住那些事实，通常的学习方法是不断地重复记忆。但是到了20世纪，心理学不断发展成为一门科学，对于知识的观念也开始有所改变。我们学习和记忆的方式成为了心理学家研究的主要研究分支，这就对"知识仅仅是记住事实"的观念提出了挑战，并给出了在获取知识的过程中学习者角色和教育者角色的新视角。尽管如此，早期的行为主义心理学家坚持认为知识就是事实的集合，并且可以通过条件反射来学习。一些人，尤其是约翰·华生认为几乎所有的事情都可以通过条件反射来学习。但是其他心理学家，包括爱德华·桑代克和斯金纳，认识到学习不仅是从外界寻找和存储知识的问题，学习者也扮演着一定的角色，通过积极地探索他们周围的环境并从经验中学习。

如果我们的大脑超载，它们就会倾向于停工，所以短时课程可以帮助我们更有效率地学习。

雪球

我们获取知识的方式就像一个雪球从覆满雪的山上滚下来。我们探寻自己所得到的信息的意义，这样会帮助我们更好地记住那些信息。最好的学习方式是我们自己亲自去体验，而不是仅仅获取事实。

我们需要体验事情

发展心理学家,如让·皮亚杰和维果斯基,进一步验证了这一理念。他们注意到儿童是逐步建立起他们的知识体系的,对各种概念逐渐补充更多细节的同时与其他概念建立联系。这个过程需要儿童积极地并且不断地体验事情,而不是通过其他方式间接地获取知识。所以,一位老师简单地告诉我们知识或者展示给我们一件事情,这些可能不是最好的学习方式。但如果我们被鼓励去亲自参与学习的过程,知识就会更容易被记住(比如亲自做一个蛋糕,一定好过仅仅是读了配方),亲身参与使我们更容易理解那些我们所发现的信息。

理解事情

最早的心理学家之一赫尔曼·艾宾浩斯,在1885年提出,我们能更好地记住那些对我们有意义的事情。他发现一首诗比随机的字母组合更容易被记住。最近,认知心理学家杰罗姆·布鲁纳发现,因为我们需要理解信息才可以学习,所以学习知识的过程需要思考和推理,同时还需要感官和记忆。学习不只是我们去获取知识的过程,也是一个心理过程——寻找集合起来的信息中的意义并与我们已有的其他知识相关联。同时,因为学习是一个持续的过程,所以我们的知识也在不断地改变。

> **知识是学习的过程,而不是结果。**
> 杰罗姆·布鲁纳

获取知识是一个持续的过程。

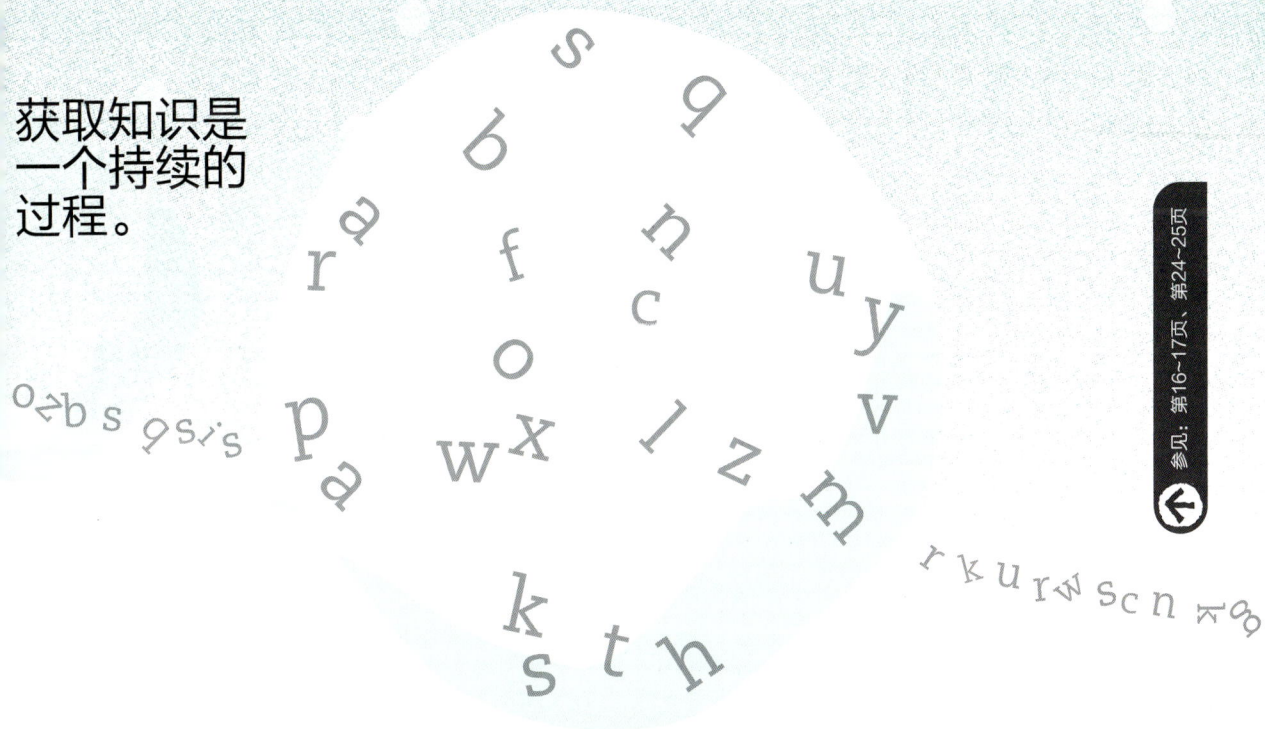

参见:第16~17页、第24~25页

决定，决定，决定

纵观我们的一生，将面临很多艰难的选择。我们要不断地解决问题和做出决定，为此我们需要运用我们的推理能力——思考和理解问题。这一理性思考的过程给了我们做出正确选择所需要的那些信息。

动物先在脑内解决问题。

沃尔夫冈·柯勒

难以触碰的香蕉

推理或思考问题是最令认知心理学家感兴趣的心理过程之一。但早期的心理学家也研究了我们解决问题的方法。从1913年到1920年，德国心理学家沃尔夫冈·柯勒担任了黑猩猩栖息地一个研究中心的主管。他给黑猩猩设置各种任务，比如够到放在难以触碰到的地方的香蕉，并观察黑猩猩如何找到解决办法。当黑猩猩意识到它们不能够到食物时，就尝试站在箱子上或使用棍子。柯勒发现，在尝试了多种方法以后，黑猩猩就停下来并思考它们发现的东西。柯勒得出结论，黑猩猩在推理什么方法有效及什么方法无效，并认识规律和建立那些能帮助它们在未来解决类似问题的联系。

发现对策的"心理地图"

在柯勒观察黑猩猩的推理过程时，相对于心理过程，大多数心理学家对行为更感兴趣。行为心理学家认为，我们（以及其他动物）仅仅是通过刺激和反应来学习的。然而，一些心理学家发现学习方式不止如此。比如，爱德华·托尔曼（Edward Tolman）提出，我们通过试错的过程来探索世界，在这个过程中学习哪些事物会给我们带来好处，而哪些不会。但我们也会对这些事物进行思考并建立起一个我们周围世界的"心理地图"。然后我们就可以利用这个"地图"来解决问题和做出决定。

不符合逻辑的决定

理性思维——推理——在帮助我们理解问题和获得解决问题的洞察力上是至关重要的。它使我们能做出合理的决定，并基于我们的经验证据来选择该做什么。但是以色列心理学家丹尼尔·卡尼曼（Daniel Kahneman）和阿莫斯·特沃斯基（Amos Tversky）提醒我们，理性思考并不总是可靠的。有时我们做出的决定看似理智，但实际上是基于错误的推理，或者是根本未经理性思考的。从我们的经验中，我们建立了一系列适用于各种决定的普遍性"经验法则"。然而，这些法则大体上依据的是我们少量的个人经历，可能并不准确。"经验法则"也可能会受到我们个人的选择和信念的影响。尽管它们能帮助我们迅速和容易地做出决定，而不用非得详细地检验那些统计性的证据，但它们也经常使我们做出非理性的决定——即使我们相信它们是理性的。卡尼曼和特沃斯基区分了我们用于做决策的错误推理方式的几种不同类型，他们将这些错

看到赌盘上已经出现很多次红色以后，大多数人都会错误地认为现在理应出现黑色了。

丹尼尔·卡尼曼和阿莫斯·特沃斯基

一个晚上的失眠会导致我们做出比平常风险更高的决定。

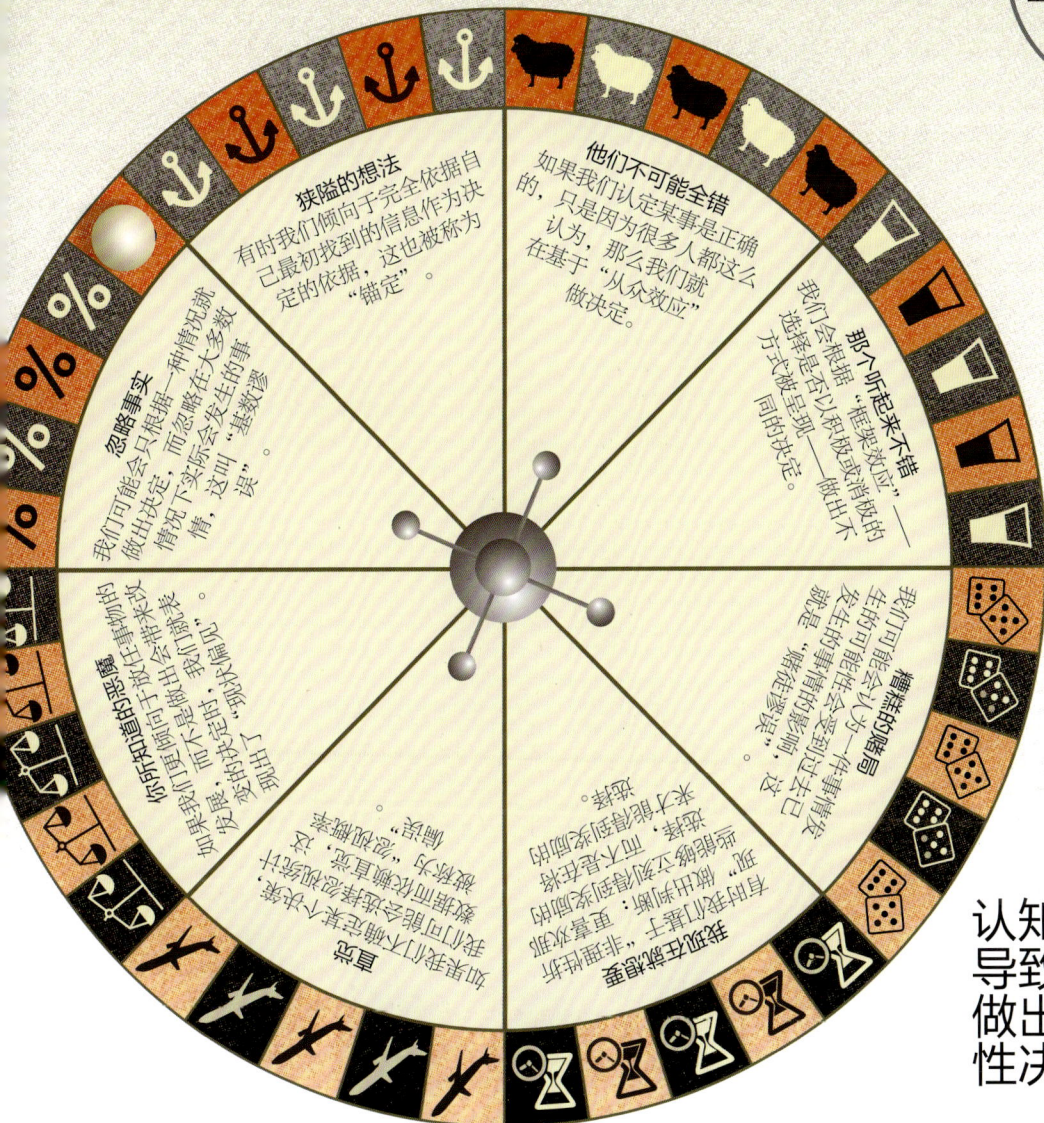

狭隘的想法

有时我们倾向于完全依据自己最初找到的信息作为决定的依据，这也被称为"锚定"。

他们不可能全错

如果我们认定某事是正确的，只是因为很多人都这么认为，那么我们就在基于"从众效应"做决定。

忽略事实

我们可能会只根据一种情况就做出决定，而忽略下实际会发生在大多情况下发生的事情，这叫"基数谬误"。

那个听起来不错

我们会根据"框架效应"——选择是否以积极或消极的方式被呈现——做出不同的决定。

你所知道的恶魔

如果我们更倾向于放任事物保持不改变，而不是做出改变，我们就是表现出了"现状偏见"。

糟糕的赌局

我们可能会认为一生中可能发生的事情都是...

认知偏差导致我们做出非理性决定。

误的推理方式称为"认知偏差"。认知偏差大多基于我们的个人经历，所以我们由此做出的非理性决策可能已能足够好地服务于我们的日常生活。但当我们面临重要的决定时，尤其是在陌生的情境中，我们就应该意识到这些认知偏差会如何误导我们。

理解常见的推理错误可以帮助我们避免犯下那些危险或者需要付出高代价的失误。

你为什么会有记忆

当我们在学习时，我们会在大脑里存储该信息的呈现，这被人们称为记忆。而当我们记起某些事情时，我们就在提取那些曾经呈现的信息。但回想起来并不总是一件容易的事情，和其他事情相比，我们可能更容易回忆起某些事情。通常，我们需要一些提示来触发一段特别的记忆。

记忆是如何运作的

从心理学成为一门科学开始，心理学家们就试图了解人类的记忆。早期真正的心理学家之一赫尔曼·艾宾浩斯发现，即使我们认为自己学会了一件事情，但一天之后我们经常会发现自己已经忘记了有关它的大部分内容。在他创新性的实验中，他证明了如果花更多的时间学习一些东西，我们就能把它们记得更好。他还发现随机的单词或数字排列比对我们有意义的事情更难被记住，而且

我所在的时间和地点
事件和事实的记忆是相关联的，所以如果我们能记起我们学习东西的地点和时间，就能更容易地回忆起它们。

被粗暴地打断
当我们正在做的事情被打断时，我们的心理活动倾向于一直关注那个事件，和其他不再需要我们注意的事情相比，我们能更好地回忆起它。

闪光灯记忆
戏剧性的和高度情绪化的事件深深地烙印在我们的记忆中，我们可以非常清晰地回忆起当它们发生时我们所做的事情。

处在特定的心情下
记忆是与我们在学习东西时的心情相联系的，如果与现在的心情相匹配，那么我们就能更容易地回忆起记忆的东西。

为什么某些东西你可以记得比其他东西更好？

参见：第64~65页、第66~67页

通常我们回忆一系列事情的开头或结尾多过其中间部分。之后的心理学家继续研究我们的学习方式和学习时间对我们记忆效果的影响。比如，布鲁玛·蔡格尼克（Bluma Zeigarnik）注意到，与已经完成的点单相比，服务员会记住更多未付款的点单细节。在这种现象的吸引下，她做了一个实验，让参与者解答一些简单的字谜，然后在这些任务的中间打断他们。随后，这些参与者发现他们更容易回忆起被打断时的字谜的细节。就像服务生的点单，如果一个任务缺少结尾，那么它就会停留在我们脑海中。

给我们一个提示

认知心理学家蔡格尼克等将记忆看作一种信息处理系统。图尔文（Endel Tulving）曾提出，我们拥有不同种类的记忆来存储不同种类的信息：关于事实和知识的记忆、关于事件和经历的记忆，以及关于如何做事情的记忆。他还认为记忆有两个分开的过程：在长时记忆中存储信息（学习）和提取信息（回忆）。他认为这两个过程是相互关联的。比如，如果我们想起自己是如何把信息存储进长时记忆的，那么它就可以帮助我们回想那些信息。这就是某个线索或"记忆提示"可以帮助我们提取信息或者"把我们的记忆从脑海中拉出来"的一个例子。

改变记忆的心境

我们的心境可以帮助我们回忆起特别的记忆。戈登·鲍尔（Gordon Bower）认为"事件和情绪是一起被储存在记忆中

闪光灯记忆产生于极端情绪化的事件中。
罗杰·布朗（Roger Brown）

的"，我们关于事件或经历的记忆是和当时的心境尤其相关的。所以，当我们开心的时候，我们倾向于回忆当我们心情很好的时候发生的事件；当我们难过的时候，我们就倾向于回忆起自己心情不好的时候发生的事件。鲍尔将极端的心境依赖记忆称为"闪光灯记忆"——我们通常可以准确地回忆出当戏剧性或高度情绪化的事件发生在我们身上时我们正在做的那些事情，比如听到"911"恐怖袭击的新闻，或得知某位朋友或亲戚去世的消息时。

如果你在做梦时醒来，你就更可能记住你的梦。

巴德利的潜水员

在艾伦·巴德利（Alan Baddeleg）设计的一个实验中，一组潜水员被要求记住一组词。他们在干燥的陆地上学习其中一些词，在水下学习另一些词。当被要求回忆这些词时，如果潜水员再次潜到水里，他们能更好地回忆起在水下学习的那些词；如果在干燥的陆地上去回忆，那些曾在陆地上学习的词就能被更好地记起。这就是一个情境依赖记忆的例子。

人物传记：

伊丽莎白·洛夫特斯

1944—

伊丽莎白·洛夫特斯（Elizabeth Loftus）1944年出生于美国洛杉矶，她在加利福尼亚大学学习数学，并希望成为一名教师。但是，在学习过心理学课程后，她改变了职业道路，并在斯坦福大学拿到了心理学博士学位。她就在那时开始对长时记忆感兴趣，这也成为了她职业生涯中一直研究的主题。

车祸

洛夫特斯早期的研究之一，是检验刑事案件目击者证词的可靠性，以及它们是否会被引导性问题所影响。参与者先看一段车祸的电影片段，然后要求他们估计车速有多快。当被问到被撞得"粉碎"的车的速度时，参与者估计的车速要高于被形容为只是"碰撞"的车速。

错误的记忆

20世纪90年代，乔治·富兰克林（George Franklin）被判定为20年前一场谋杀案的罪犯，仅仅是基于他的女儿在催眠状态下回想起的记忆。洛夫特斯认为，即使那位女士十分确信自己的记忆，但催眠疗法中的暗示可能引起错误的记忆。案件的判决后来被推翻了。

你发誓要说出全部**真相**，或说出任何你认为自己**记得的东西**吗？

洛夫特斯就250多件法庭案件中目击者证词的可靠性提出了建议，其中包括对歌手迈克尔·杰克逊的审判。

遇见兔八哥

在另一个实验中，洛夫特斯组织了一个名义上的"焦点小组"，小组成员都是游览过迪士尼乐园的人，他们需要看一些关于迪士尼乐园的广告。先给这些参与者呈现一个关于兔八哥的广告，以及放在房间里的该形象的一个巨大的纸板招贴画。然后询问参与者他们游览迪士尼乐园时是否遇到过兔八哥。结果，大约1/3的人给出了肯定的答案，而事实上兔八哥其实是华纳兄弟电影公司的一个角色，是与迪士尼没有任何关系的。

打破坏习惯

洛夫特斯想知道植入一些错误的记忆是否会影响人们的行为，比如饮食习惯。在一个实验中，洛夫特斯让参与者相信自己童年时曾因为草莓冰淇淋而生病。一个星期后，很多参与者都"回忆起"该事件的细节并形成了对草莓冰淇淋的厌恶。洛夫特斯认为这个方法可以用来改善青少年肥胖。

记忆是如何被**存储**的

当我们学习的时候，会把信息作为记忆存储在脑海里——不仅仅是知识，还有我们看到和做过的事情，以及做事的方法。为了方便在需要时找寻这些记忆，我们的大脑对它们进行了系统性的组织和存储。

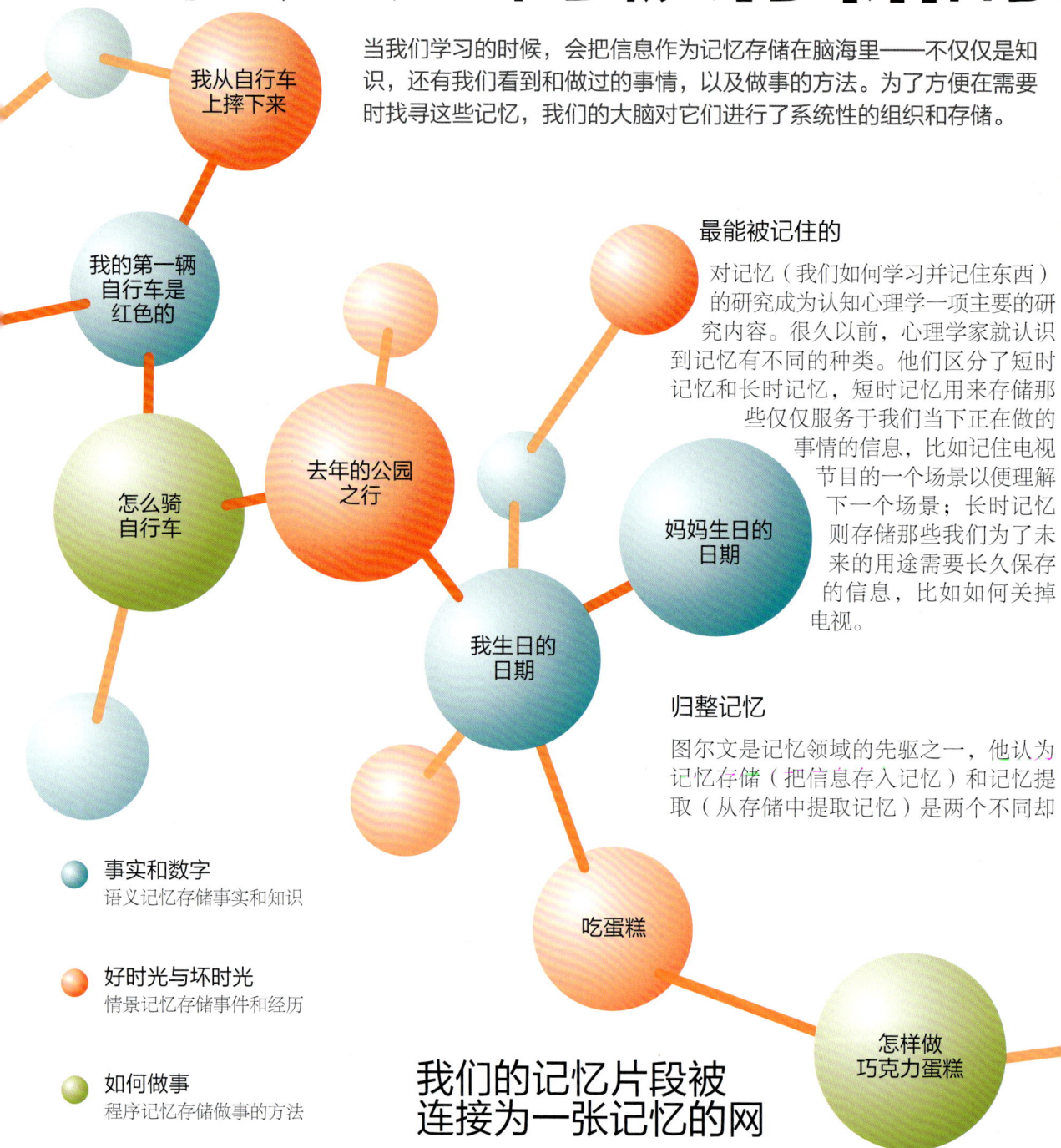

我从自行车上摔下来

我的第一辆自行车是红色的

怎么骑自行车

去年的公园之行

最能被记住的

对记忆（我们如何学习并记住东西）的研究成为认知心理学一项主要的研究内容。很久以前，心理学家就认识到记忆有不同的种类。他们区分了短时记忆和长时记忆，短时记忆用来存储那些仅仅服务于我们当下正在做的事情的信息，比如记住电视节目的一个场景以便理解下一个场景；长时记忆则存储那些我们为了未来的用途需要长久保存的信息，比如如何关掉电视。

妈妈生日的日期

我生日的日期

归整记忆

图尔文是记忆领域的先驱之一，他认为记忆存储（把信息存入记忆）和记忆提取（从存储中提取记忆）是两个不同却

吃蛋糕

怎样做巧克力蛋糕

● **事实和数字**
语义记忆存储事实和知识

● **好时光与坏时光**
情景记忆存储事件和经历

● **如何做事**
程序记忆存储做事的方法

我们的记忆片段被连接为一张记忆的网

参见：第60~61、第66~67页

回忆是心理的时光旅行。

图尔文（Endel Tulving）

又相关联的过程。我们需要记住海量的信息，也经常需要在不同的时间去定位并获取特定的记忆。如果信息是随机存储的，那么这几乎是不可能完成的，所以这些记忆一定是以某种方式进行组织的。图尔文提出，我们有3种存储记忆的方法：语义记忆——存储事实和知识；情景记忆——存储事件和经历；程序记忆——存储如何做事的信息。这些记忆还会进一步被细分，以便信息容易被回想起。这意味着我们无须搜索全部记忆去回忆事情，我们的大脑会被告知去哪一个大概的区域寻找。比如，如果情景记忆的存储按照事件发生的时间和地点来组织，那么我们的大脑就可以通过回到那个特定的时间和地点来回忆。类似的，图尔文认为，语义记忆也会在被整理分类后进行存储。在实验中，他发现参与者试图回想一个随机词语表中的一个词时，他们会通过联想该词的类别来帮助回忆。比如，回想"猫"和"勺子"时，可以通过"动物"和"餐具"的线索来回忆。最近，心理学家指出事物可以属于不止一个类别，比如，"苹果"这个词可以对等地被分到"水果"或"公司"两个类别下。他们认为，记忆是一个互相连通的"网"，而不是分门别类的独立的"列表"。

黑巧克力是可以提高大脑血流量及帮助我们形成记忆的"超级食品"之一。

用我们自己的话来说

英国心理学家弗雷德里克·巴特莱特（Frederic Bartlett）提供了一个关于我们的记忆存储如何组织的稍有不同的观点。他要求一些学生们读一个复杂的故事，然后让他们将其复述出来。尽管他们可以记住故事的大体框架，但是依然有一些他们无法回忆起来的部分。巴特莱特发现学生们会更改不符合他们个人经历的故事细节，使得故事对于他们来说更好理解。他经过总结认为，我们所有人都有一个被他称为"图式"的东西——一系列由我们的经历得到的想法——这提供了我们记忆的框架。尽管这个"图式"可以帮助我们存储一些记忆，但是它会使记住那些不符合我们个人图式的事情变得非常困难。

回忆是由我们对过往经历的态度构建的想象式重构物。

弗雷德里克·巴特莱特

不要相信你的**记忆**

我们的记忆常常会让我们失望。有时，我们明明觉得记住了一些事情，但是就是想不起来，比如一位名人的名字或者测验中一道简单的题目的答案。还有些时候，我们明明把事情记错了，但我们仍相信自己记的是正确的。

非常奇怪的是，口香糖可以提高人们记忆东西的能力。

有限的存储空间

关于记忆的主要问题之一就是生活中会有大量信息涌入我们的脑海，而我们没有存储经历过的所有事的能力。就算全部存储了，也会因充斥着大量无用的信息而变得杂乱无章，使我们更难提取我们需要记忆的内容。所以，我们的大脑会认为一些记忆是无用的，使一些更早的记忆慢慢淡化。大多数时间，这一系统都运转得很好，让我们可以存储和提取最有用的事实和经历。但是有些时候，我们发现大脑把一些我们需要的信息存放在了一个我们很难达到的地方。然后我们就不能回忆出那些我们需要知道的信息，或者仅能想起其中的一部分，甚至还有可能与其他信息混淆。美国心理学家丹尼尔·夏克特（Daniel Schacter）列出了大脑会让我们失望的7种方式，并把它们称为"记忆的七宗罪"。

就在嘴边

夏克特认识到我们记不住事情有各种各样的原因。有时，我们清楚自己知道一件事情，但就是想不起来。这可能是因为这件事是在很久以前被存储的，或者当时没有记好，又或者是因为其他记忆妨碍了我们对这件事的回忆——尤其是

记忆可能会让人失望的7种方式

时间的迷雾

由于记忆的"易逝性"，时间久远的记忆可能会淡化。这意味着很久以前的记忆会比最近存储的记忆更难以提取。

容易分心

"心不在焉"导致的过失，是因为有时我们不能将事情准确地存储在我们的记忆中，因为我们将注意力放在了其他事情上。

就在那儿，在某个地方

有时，我们明明知道自己知道某件事，但就是想不起来。这通常是因为其他记忆妨碍了这件事的回忆，这就是"阻滞"所导致的问题。

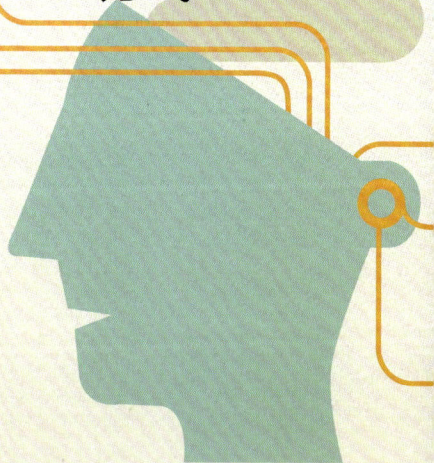

那种让我们无法从脑海中抹去的令人愤怒或苦恼的记忆。然而，我们认为自己想起了一件事，但实际上，我们的大脑把这件事和其他事情混淆了。即使是某一事件的生动记忆，也有可能和其他记忆相混淆，所以我们记住的东西与真正发生的事情是不同的。我们对过去的回忆也会被我们现在思考和感觉的方式所影响。

扭曲的记忆

大多数时候，我们可以相当准确地进行回忆，尤其是那些对我们来说重要的事情。但是事情的细节却有可能是错的，比如谁说了什么，或者什么时候在哪里发生了什么。伊丽莎白·洛夫特斯的实验证

人们可能会相信一些从来没有真正发生过的事情。

伊丽莎白·洛夫斯特

明我们的记忆经常是不准确的，即使我们认为它们是对的。一些因素，比如引导性的问题、情绪，以及随后发生的事件可能会影响我们回忆创伤性事件（比如目击一次犯罪或者车祸）的方式。她的研究成果质疑了在诉讼案件中一些目击证人证词的有效性。她还质疑了一些声称自己小时候被虐待的人的"错误记忆"，更是引发了人们激烈的争论。

参见：第60~61页、第62~63页、第64~65页

现在与当时
当我们回想一段记忆时，我们的观点和情绪可能会与我们存储那段记忆时非常不同。当我们现在的心境和想法歪曲了我们的回忆时，回忆就有了"偏差"。

是谁说的
当信息正确但其来源错误时，我们就使回忆有了"错误归属"。比如，认为自己在新闻中看到了一些事情，而事实上，那些事情是从一位朋友那里听来的。

引导性问题
记忆可能被它们如何被回忆起来的方式所影响。我们可能会更改一段记忆来与任何引发我们回忆它的东西相匹配，比如一个引导性问题，或者说"暗示性"的问题。

无法忘却
有一些记忆我们就是无法忘却，这就是"持久性"的问题，意即那些令人痛苦或尴尬的事件总是在我们脑海中回旋。

创伤后应激障碍
对于人们不喜欢的记忆的持久性的极端例子可以在创伤后应激障碍中看到。比如，从战场上回来的士兵经常无法忘记他们曾经拥有的那些可怕的经历。这些记忆时常在他们脑海中萦绕，妨碍了他们关于美好事物的记忆，同时也使他们回归以往的日常生活成为一件困难的事。

信息
超载

当我们清醒的时候，我们的感官在不断地收取我们周围世界的信息。对我们来说，去看、听、闻和触摸的信息太多了，以至于我们的大脑不能全部收取。相反的，我们的大脑会选择收取我们需要集中注意的东西，并把其他的信息过滤掉。

集中注意力

一些任务需要对大量到来的信息进行处理，并判断出什么是重要的。除了驾驶飞机之外，飞行员还必须注意各种仪表，同时要听来自空中交通管制的指挥及通过耳机传来的机组其他人员的声音。唐纳德·布罗德本特（Donald Broadbent）是一位在第二次世界大战期间服务于英国皇家空军的心理学家，他研究了飞行员如何处理这些信息。他设计了一个

实验，实验中戴上耳机的参与者左右耳会听到不同的信息。他们被要求专注于其中一只耳机的信息，布罗德本特发现，他们并没有记住从另一只耳机里传来的内容——在同一时间，我们只能听一个声音。当我们通过多个渠道接受信息时，我们的大脑会有效地屏蔽除了我们需要集中注意的那个渠道之外的所有其他渠道。

收听，屏蔽

布罗德本特关于注意力的研究和信息科学家科林·谢里（Colin Cherry）的研究很相似。谢里对我们如何选择要关注哪个渠道的信息感兴趣，并把它和其他到来的信息分开，就像我们在一个吵闹的派对上只关注一段对话，他把这个称为"鸡尾酒会现象"。他发现，我们会"收听"一件事情，比如一个特定声

> 人类**大脑**的构成就像**收音机**一样，同一时间可以收听多个频道。
>
> 唐纳德·布罗德本特

> **我们一次只能听一个声音。**

你在听吗

在拥挤的房间里人们倾向于将注意力集中到一场对话中，而过滤掉周围的噪声。但如果我们听到一些感兴趣的东西，很快就能转向"收听"其他对话。

> **"多任务"实际上是在不同任务之间转换——我们的大脑在任务之间跳跃，每次只处理一项任务。**

调的声音，我们的大脑会屏蔽那些它们认为是噪声的声音。他还出人意料地发现，如果某人在其他对话中提及了我们的名字或一些我们感兴趣的事情，我们的大脑就会把注意力转移到那上面去。布罗德本特在飞行员身上发现了类似的效应，当有紧急的情况出现时，飞行员会将注意力从正在关注的渠道转向那个渠道。所以即使我们没有注意到，但我们的耳朵依然在从已被过滤掉的那些渠道中收取信息，而我们的大脑能识别出关键的信息。

短时记忆一次可以记住大约7个信息。

乔治·A·米勒

上短暂出现的点，他发现我们一次只能记住7个信息，从而得出工作记忆的能力限于大约7个事物的结论，他将7称为"神奇的数字"。

神奇的数字"7"

布罗德本特认为，当仅有一个渠道被选择注意，而其他的渠道被过滤掉以防止其造成干扰时，所有的信息都会进入短时记忆存储。乔治·A·米勒（George Armitage Miller）认为短时记忆是一个处理信息的地方，尤其是在存储进长时记忆之前。他想知道短时记忆或"工作"记忆可以保留多少信息，而不是检验信息如何被选择和注意。在实验中，他播放了一系列音调，或者呈现一些在屏幕

被忽视的大猩猩

在一个检验注意力的研究中，参与者看一段人们传递篮球的录像，并被要求数出传递的次数。大多数参与者太专注于数传递次数而没有发现有一个穿着大猩猩服装的人从场景的中心直接穿过。

人物传记：

唐纳德·布罗德本特

1926—1993

唐纳德·布罗德本特是英国一位具有巨大影响力的心理学家，他经常出现在电视和广播中普及心理学。布罗德本特出生于英格兰的伯明翰，在第二次世界大战期间离开学校加入了英国皇家空军。之后他在剑桥大学学习心理学，并在学校应用心理学系工作，于1958年成为主管。1974年，他转到了牛津大学工作，并一直工作到1991年退休。

一次只能听一个声音

布罗德本特最著名的研究成果是关于人们如何集中注意力。在进入皇家空军的经历中，他发现了同时需要处理很多信息的飞行员和空中交通管制员所面临的问题，并通过设计实验发现人们一次只能听一个声音。

布罗德本特出生于英格兰，但他总是认为自己是一个威尔士人，因为他在威尔士度过了许多早年时光。

"对一个**心理学理论**的检验在于它的**实际应用**。"

心理学应该解决实际的**生活**问题

作为一名训练有素的飞行员和航空工程师，布罗德本特发现，很多飞行员遇到的问题，比如读错仪表或错误地拉动了操作杆，都可以用心理学解决。他认为心理学应该是有实际用处的，而不能仅仅是理论。他在剑桥大学刚成立的应用心理学系的成果成为了心理学用于解决实际问题的先驱。

大脑是一个信息处理器

布罗德本特认为大脑是一个"信息处理器"，可以从我们的感官接收、存储并提取信息。这个关于人类的大脑如何运转的想法和第二次世界大战后在通信和人工智能上的研究有很多共同点。布罗德本特总是热衷于将他的理论应用于实践中，他在人机交互的研究中与一些计算机科学家进行了合作。

停止那些噪声

不像其他心理学家那样在实验室设计实验，布罗德本特总是到工厂和车间研究噪声、热度和压力会对工人的影响。因此，他能够提出对工作场所和工作实践的建议。改善工作环境不仅让工人受益，同时也提高了他们的工作效率和生产力。

谨言慎行

用口语和书面语来交流复杂想法的能力是区分人与其他动物的标志之一。语言本身是复杂的，但小孩子在早期就能学会至少一种语言，并且比学习其他技能都要快。那么是什么让语言如此特殊呢？

参见：第26~27页、第42~43页

模仿成人

在很长一段时间里，人们认为我们学习语言和我们学习其他知识与技能用的是完全相同的方式。发展心理学家，比如让·皮亚杰和阿尔伯特·班杜拉，认为我们使用语言的能力来自于模仿我们的父母和其他成人。他们提出，我们通过

> 小孩子通过模仿他人学习语言。
>
> 阿尔伯特·班杜拉

听成人讲话，然后重复他们说的话而逐渐学会语言的使用。一旦我们掌握了语言的结构——语法，我们就可以将之作为框架并添加新的词汇进去。行为心理学家，斯金纳同意我们是从成人那里学会语言的这一观点，但是认为学习的过程是一种条件作用——一个小孩讲出词汇或句子是一种条件反射，被来自父母的微笑和称赞所奖励。

天生的能力

然而，一些心理学家认为语言在一定程度上与我们学到的其他技能不同。早在19世纪60年代，在心理学还没有成为一门科学时，科学家就已经发现我们的大脑有一些特定的区域与言语相关。法国医生保尔·布洛卡（Paul Broca）发现，如果大脑有一个特定的区域受到损伤，就会影响人们说话的能力。紧接着布洛卡的研究，德国医生和精神病学家卡尔·威尔尼克（Carl Wernicke）发现，大脑的另一个不同的脑区与人们理解语言和说出有意义的语言相关。这些发现说明一些使用语言的能力是"固定"在我们的大脑中的。

手势交流

一组被送去尼加拉瓜上学的失聪儿童发展出了与其他人交流的特定方式。他们没有被教给任何手语，但却创造了一种他们自己的手势语言。这些发展成具有与其他口语和书面语类似语法的复杂语言，告诉我们，人类天生具有一些基本语言能力。

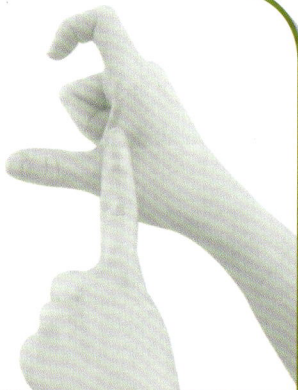

普遍语法

20世纪60年代，认知心理学家和语言学家诺姆·乔姆斯基（Noam Chomsky）提出了一个有争议的关于人们学习语言的方法的新观点。他留意到儿童在非常小的时候就可以理解句子的意思，并且能够快速地学习使用那些复杂的语法规则。在没有人教过他们语法规则前，他们似乎就已经掌握了那些规则。而且这一发现在所有文化下的儿童学习和使用

所有种类的不同语言中都是正确的。乔姆斯基提出，我们学习和使用语言的能力是天生的。我们拥有被他称为"语言获取装置"的东西——一种使我们理解句子结构的大脑的特殊能力。此外，既然各地的儿童都具有相同的理解语法的能力，那么人类的语言一定有一些相同的底层结构：一种"普遍性的语法"。乔姆斯基关于人们先天和本能的语言能力的想法，与之前我们如何学习语言的很多理论非常不同，所以不是所有的心理学家都认同他的说法。一些人仍然认为语言能力和其他解决问题的能力类似。加拿大认知心理学家史蒂文·平克（Steven Pinker）却支持乔姆斯基的观点，认为人类的语言能力是遗传性的，通过进化而产生。

通常女孩学习讲话会比男孩更容易——女性大脑的语言区域也比男性要大17%左右。

小孩子拥有

天生的

理解

语法

的能力

语言的"器官"就像任何其他器官一样生长。

诺姆·乔姆斯基

生而能言
儿童能迅速学习以符合语法的方式来组织语句，而无须被教给如何做。这说明我们生而具有一种理解语言如何使用的能力。

你在自欺欺人吗

世界将在

12月21号
2月20号

终结

当人们有了一个他们坚信的信念或观点时，让他们改变想法就会非常困难。就算有证据证明他们是错的，他们也依然会坚持认为自己是对的。其实有时我们都会做这样的事情，即使很明显我们是错的，但我们还是会自我欺骗，认为我们有好的理由来支持自己的信念。

不可动摇的信念

我们的信念对我们很重要。我们的生活方式基于我们拥有的知识和我们认为正确的东西。所以当有人质疑我们坚信的一些事情时，就会让我们感到非常不舒服。美国心理学家利昂·费斯廷格（Leon Festinger）将这种不舒服的感觉称为"认知失调"。在认知失调时，我们通常会更加坚持自己是对的，而不会接受自己是错误的。为了摆脱这种不舒服的感觉，我们为那些自己所坚信的事情辩解，并且质疑反对它们的任何证据。因此，费斯廷格认为，我们很难改变有强烈信念的人："告诉他你不同意他的观点，他就会转身离开。给他展示事实或数据，他会质疑这些信息的来源。如果运用逻辑来论证，他就好像看不到你的观点一样。"为了检验他的理论，费斯廷格和他的同事找到了某个邪教的一些

顽固的信念

如果我们坚信某事，说服我们承认自己是错的就会非常困难，即使有证据证明我们错误。我们也会倾向于更加坚信它，甚至可能捏造出更多证明自己正确的"证据"，而不是改变自己的想法。

尽管有压倒性的证据证明吸烟会危害生命，烟民们通常还是会试图证明他们的习惯是合理的。

一个有坚定信仰的人是很难改变的。

利昂·费斯汀格

成员，这些人声称他们接收到了来自外星人预言的世界末日的信息。采访他们时，这些邪教徒都坚信那年的12月21日是世界末日。"世界末日"并没有在指定时间降临之后，心理学家再次采访他们。这些信徒宣称世界幸免于难是由于他们极度虔诚，而没有放弃他们之前的理论。让这些信徒承认他们曾经的信念是错误的，会引起他们的认知失调。这种情况下，他们的信仰反而被加强了，他们甚至声称又收到了外星人的另一条信息来感谢他们的贡献。

多么令人尴尬

费斯廷格发现，最强烈的信仰者是那些为了宗教几乎放弃了他们所有的人——很多信仰者放弃了工作并卖掉了他们的房子。费斯廷格总结道："一个人在某件事上付出了越多时间和精力，他们就越会去维护它。"在一个实验中，费斯廷格给自愿参与实验的人一系列无聊的任务。然后，他给了一些参与者1美金，给了另一些参与者20美金。当被问及任务是否有趣时，得到更多美金的参与者更倾向于说这一任务是无趣的。而那些得到少量美金的人，反而更可能说这个实验有趣，因为他们需要证明自己为了极少的回报去做投入大量精力的任务是合理的。在一个相似的实验中，艾略特·阿伦森（Eliot Aronson）和贾德森·米尔斯（Judson Mills）发现，如果一个任务包含着一定程度令人尴尬的因素，也会影响人们的观点。他们邀请一些女大学生加入一个性心理学的讨论小组——学生们会认为会是有趣的内容。一些学生直接被这个小组接收，而另一些学生却

> **如果我们做了一些让我们感觉很愚蠢的事情，我们就会去寻找证明其合理的方法。**
>
> 艾略特·阿伦森

被要求先完成一个"尴尬测试"，在这个测试中他们不得不大声朗读书中一些淫秽的词汇和色情的段落。所有参与者接下来会听一段讨论动物交配习性的录音，并被告知这就是他们自愿加入的讨论。当问及他们对这一谈话是否感兴趣或感到愉快时，那些忍受过尴尬测试的学生的评分要远远高于没有做过那个测试的人。

飞起来的花

实验者要求一组参与者试着将注意力集中到一盆花上，从而使这盆花飘浮在空中。他们不知道这些花盆是由电磁铁装配的，所以花盆确实会从桌上"飞"起来。一名参与者声称他看到了一缕缕烟从花盆下冒出来，而另一名参与实验的人说花盆根本就没有升起来。

你如何理解这个世界

人们试图在自己看到的东西中发现规律

相似律

我们通常将相似的物体看作同一类，所以上面这张图片被看作正方形和圆形交替的5列，而不是每行包含不同形状图形的3行。

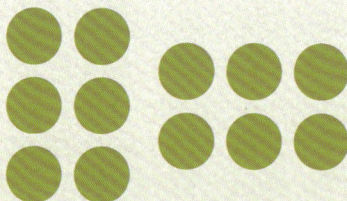

接近律

如果物体紧挨着，我们倾向于将其放在一起。我们会将上面这张图片看作每列有3个点的两个垂直列，以及每行有3个点的水平行。

我们的感觉，尤其是视觉和听觉，收集了关于周围世界的至关重要的信息。但是为了使这些信息有用，我们的大脑还需要理解它们。这个从我们的感觉中组织和解释信息的心理过程被称为知觉。

> 总体不等于部分之和。
>
> 沃尔夫冈·柯勒

认识模式

我们看到和听到的东西中有大量的信息。我们的大脑会检查这些信息，试图解释它们并通过寻找其中的规律找出重要的信息。比如，当我们看到一个正方形时，我们的大脑并非只看到一个4条线的集合，而是将特定排列的线识别为一个正方形。同样的，我们听到一段曲调，不只是听到一系列单独的音符。由沃尔夫冈·柯勒和马克斯·韦特海默（Max Wertheimer）带领的一群20世纪早期的心理学家首先注意到我们的大脑如何试图看到有可以辨别的模型或者"本质"的东西——这被他们用德语称为"完形"。

遵守规则

"完形"心理学家认为我们从感觉中解释信息和认

连续律

平滑的、连续的规律对我们来说比参差不齐或脱节的那些更明显。在上面的图片中，我们看到一条平滑的上升的弧线，而不是一条有角度的线。

闭合律

我们的大脑会给未完成的图形补全缺失的信息，从而使它们得以从背景中分离出来。所以在上面的图片中，能看到3个圆之间的一个三角形。

思考包括根据我们已有的知识来**理解结构**和加工信息。

马克斯·韦特海默

即使我们看到一张田地里有一头牛的二维图片，我们仍然可以分辨出牛的图形和背景，并运用图像重叠的方式确定哪些事物离我们近及哪些事物离我们更远。此外，我们的大脑还解译图片中透视的规律并形成它所展示的三维图景——事物越小，距离我们就越远。透视还可以帮助我们辨别事物移动的方向。如果电视里有一个物体在不断地变大，我们的大脑会认为它正在靠近我们；如果它在变小，我们就认为它在离我们远去。我们会用同样的方法解释真正的三维世界，用形状、背景和透视来确定物体的相对位置——这对我们的实际操作能力是至关重要的。

婴儿通过比较他们眼睛所看到的和手所触摸到的，来学习如何识别不同的物体。

参见：78~79页

识模式的能力是大脑的本能。他们认为我们的大脑用一些特定的方式来组织信息，并寻找特定类型的规律。我们的知觉——我们解释感觉信息的方法似乎遵循一定的规则，组成了知觉组织的"完形"规则。分散的物体可以被以特定的方式组成一些不同的事物，这一事实是"完形"心理学的关键概念，这表明我们对整体最初的知觉和对它各个分离的部分的知觉是不同的。

另一个维度

组织收取的信息并寻找模式的能力可以帮助我们区分不同的事物。如果我们看到一些事物，并将其识别为田地里的一头牛，我们就区分了牛的图形和背景。

认出那条狗

一眼看上去，这张图片只是一张白色背景上一些黑色斑点的随机集合。但如果你被告知这是一张在地面上嗅东西的斑点狗的图片，你就可能从形成背景的那些黑点中找出那些组成狗形状的黑点的图案来。

不要相信你的**眼睛**

我们的知觉——通过我们的感觉意识到事物——使我们能够解释自己所看到的、听到的和触及到的东西，帮助我们于外在世界中解决问题和处理事情。但是有时候，因为信息的模糊性或误导性，我们的大脑会错误地解读信息。如果我们的知觉是错误的，我们看到的世界就不是真实的世界。

看东西

格式塔心理学家指出，我们的大脑从我们的感官得到的信息中寻找可认识的模式。然而有时，我们区分模式的能力会使我们失望。我们可能会忽视一个特定的形状或形式，也可能找出的是一个那里本不存在的模式。一些认知心理学家，包括杰罗姆·布鲁纳和罗杰·谢巴德（Roger Shepard），认为这是因为我们的大脑在整理感觉信息时，会把它们和其他我们经历过的东西进行对比。我们不只会试图寻找新的模式，也会寻找那些我们已知的模式，或者那些我们预计存在的模式。因此，我们的大脑可能会妄自断定：它们发现了它们认为自己能识别出的一些东西，但实际上这些东西是错误的。举一个关于图形和模式如何误导我们的知觉的例子，比如下面这一事实：人们经常声称在奇怪的地方看到了熟悉的图形，比如火星表面的"人脸"或者一片吐司上的"上帝"。这也解释了为什么有时候人们会将形状不寻常的云误以为是UFO。

草率地下结论

不仅大脑会错误地解释我们的感觉信息，有时实际的信息本身也是具有误导性的。我们识别出的模式，会给予我们关于我们所看到的事物组合的线索。比如，在二维的图片中，不同事物的大小和重叠的方式会帮助我们理解哪个事物在前，哪个事物在后。通常情况下，我们能够正确地解释这些透视线

侏儒还是巨人

并非所有的视觉错觉都是二维的。在一个阿德尔伯特·艾姆斯（Adelbert Ames, Jr.）发明的"艾姆斯房间"中，两个正常大小的人看上去完全不成比例——一个看上去像侏儒，而另一个则像巨人。为了创造这种视觉错觉，墙壁、天花板和地板是倾斜的，但是当从一个特定的角度来看时，这个房间看上去就是一个普通的立方体。

需求、动机和
期望会影响我们的
知觉。

杰罗姆·布鲁纳

缪勒−莱耶错觉

难以置信的

一些视觉上的错觉如潘洛斯三角形就是被设计来迷惑我们的感官的。在缪勒−莱耶错觉和潘佐错觉中,两条水平线(在潘佐错觉中标记为橙色)是同样长的。

潘洛斯三角形

缪勒−莱耶错觉

> 古希腊人并不知道视觉错觉是眼睛的"错误"还是大脑的"错误"。

索——三维的物体以二维图片的方式呈现——但是有时我们的大脑会被欺骗。许多视觉错觉,比如著名的潘佐错觉(Ponzo)和缪勒−莱耶错觉(Muller-Lyer),用一些透视的技巧使我们对物体的大小及物体之间距离的判断出现错误。其他的,比如不可思议的潘洛斯三角形,使我们的大脑被我们的知觉与我们对世界的体验之间的冲突搞晕了。

直接知觉

如果我们的透视知觉是错误的,当我们做事情时,

> # 知觉即外部刺激导致的错觉。
>
> 罗杰·谢巴德

比如试图接到一个球或让自行车转弯时,我们就会犯判断上的错误——对一个在开快车或开飞机的人来说,这将是致命的。不过一些心理学家,特别是吉布森(J. J. Gibson),认为我们只会在解释三维世界中的二维图像时犯这类错误。在真实的三维世界里,我们会直接从感觉信息中感知物体和事件,而不会通过把它们与过去的经历或我们预期会看到的东西进行比较来解释它们。尽管之前的心理学家将知觉看作两个分离的过程——一个依靠感官感知事物的物理过程,以及一个感知事物含义的心理过程——在吉布森看来,那只是一个直接知觉的单一过程。

集中注意力

所谓的多线程任务处理，事实上并不存在——试图同时做一件以上的事会导致我们的注意力变弱，表现变差。心理学家为飞机驾驶员座舱的设计提出建议，以使飞行员不会分心。这就减少了空难的发生。

驾驶时人们应该关闭车前灯吗？研究发现，驾驶时应该开着车前灯——即使在明亮的白天，车前灯也会使汽车更容易被其他人看到。这一研究结论可以指导我们如何预防交通事故。

开着车前灯

现实世界中的
认知心理学

认知心理学家发现，回到曾经学习的环境中时，人们更容易回忆起当时学习的东西。基于这个理论，医院的病人边听音乐边进行运动训练，之后，当他们在家里听这些音乐时将有助于回忆起曾经学习的那些运动技巧。

回到事发地

快速阅读

在读一段文本时，人们并不会逐字去阅读。这源于我们的大脑加工信息的方式。比如，你看到上一句中"的"这个字连续重复出现了吗？我们的大脑经常忽略类似的错误，所以请永远记得校对你的工作。

研究发现，目击者的证词可能非常不可信。法院常常邀请认知心理学家对审判中目击者证词的可信度做出评估。认知心理学家的工作引发了法律系统的改变——在某些领域，作为程序，必须告知陪审员记忆存在缺陷的特性。

在法庭中的应用

眼花缭乱

在第二次世界大战中，英国和美国的海军用复杂的图案对战舰进行伪装，并为它们取名"眼花缭乱"。这些图案设计的目的并非隐藏战舰，而是意图扭曲敌人对战舰范围、方向、大小、形状和速度的知觉，以此减少鱼雷攻击造成的损失。

认知心理学家研究我们的心理过程，包括注意、记忆、知觉和决策。理解了这些日常生活中的心理能力，可以帮助人们改善空中和陆地交通的安全性，改进司法体制，甚至还可以帮助我们更好地记忆与考试相关的重要信息。

心理学研究甚至可能改善我们的学习习惯。如果把记忆材料分解为组块，我们就可以更好地记住它们，所以把笔记按照清晰的标题进行分割吧！我们也可以通过将记忆材料可视化来记住它们，所以学习的时候尝试运用涂鸦和图表吧！

学习小贴士

韵律的时代

如果想让某人相信你，就用押韵的方式来讲话。心理学家比较了押韵版本的谚语和不押韵版本的谚语，结果发现听者认为押韵的版本更真实。这就是广告商经常用押韵的标语来提高产品销量的原因。

什么使你
独一无二

什么使你如此特别

你是什么样的人

你觉得自己很聪明吗

你为什么如此情绪多变

什么使你充满动力

人的性格会改变吗

感觉很沮丧

什么使人上瘾

什么是正常的

你疯了吗

有人本质上就很坏吗

倾诉是件好事

治疗就能获得全部答案吗

别担心，开心点

心理差异，或者个体心理学，是关于个体各个方面心理差异的研究。除了关注一个人的性格、智力、情绪等方面，这个心理学分支还分析精神疾病并提供相应的治疗方案。

什么使你如此**特别**

你的生活环境决定了本性和后天教养在成长过程中哪个起到更大的作用。

我们都有不同的心理特征。不同的性格、智力、能力与天赋让我们每个人都独一无二。但是这些不同从何而来？是我们天生就如此不同，还是我们成长的环境塑造了我们的不同？

> **本性**是生来就有的，而**培养**是所有出生后受到的影响。

弗朗西斯·高尔顿（Francis Galton）

我们的性格是由环境塑造的，还是生而如此？

本性vs培养

在心理学成为一门科学之前，哲学家就已经开始辩论：人们是否在出生的时候就对世界有所认识，还是出生时是一张需要学习一切的"白纸"。观点也被分为这样两部分：我们是被培养出了不同的特质，还是生来如此。直到19世纪，达尔文在1859年出版了《物种起源》，并和孟德尔研究出遗传学之后，这个争论就变成了一个科学问题。这些研究所提供的证据表明，人们至少在一些行为上或生理上的特征是遗传的。尽管如此，很多人坚持相信我们所处的环境使我们成为现在的自己。达尔文的表兄高尔顿，第一次举出科学证据，并同时提

人格成长

我们的性格是先天的由遗传决定的，还是后天的环境影响形成的？这是心理学家一直在探究争论的问题。很多心理学家认为，人格成长是二者交互作用的结果，就像一棵树自然生长却又被修剪出形状。

出了术语"本性和培养"来形容争论的两个方面。

我们是被基因决定的吗

当心理学成为一门科学时，心理学家对于"本性和培养"这个问题分化出了不同的意见。20世纪20年代，形成了两个关于心理特征非常不同的观点。一方面，发展心理学家格赛尔认为人类是被基因安排好的，会按照一定的模式发展，然后表现出我们的特征。在同样的规则下，我们都经过相同的系列变化，这些变化用格赛尔的话说"基本不受环境的影响"。在他定义的"成熟"过程中，我们被遗传到的能力和特点随着生理上、情绪上、心理上的发展逐渐显现出来。而行为心理学家约翰·华生（John B Watson）坚持相反的观点，他认为人类是后天培养出来的这个观点，并表示，我们并没有继承任何心理特征。他认为，我们的特征、天赋和性格完全是由我们的生长环境铸造的，尤其是我们所接受的教育。

> 只要有手指、脚趾、眼睛和一些基本的动作，不需要更多生而具有的东西，就能把一个人培养成为天才、绅士或者流氓。
>
> 约翰·华生

有心理学家极端地支持格赛尔或约翰·华生的观点。大众接受的观点是本性和环境都会影响人类的特征，但是心理学家仍然对两个因素所占的比例持不同的看法。

参见：第18~19页

两者兼具

"本性和培养"的争论一直持续到现在。不同的心理学方法从不同的角度强调了遗传和环境的重要性。达尔文的进化论和孟德尔的遗传学强调遗传起到重要的作用，而20世纪初的行为主义理论和社会心理学则强调环境的重要性。像钟摆一样，争论的重点随着现代基因和生物心理学的发展回到了本性上，并且在达尔文进化论的启发下产生了一个新领域——进化心理学。然而，如今很少

双胞胎实验

双胞胎实验是通过研究同卵双胞胎尤其是他们小的时候就被分开，然后由不同的家庭抚养，从而比较本性和培养这两者重要性的方法。同卵双胞胎有着同样的基因结构，因此他们在能力、智力和性格方面的变化都会因抚育方式不同而有不同的结果。

你是什么样的人

当我们谈及一个人是什么样子的时候，我们通常会描述他的想法和行为，比如，这个人是快乐的、放松的、外向的，或者这个人是阴郁的、紧张的、内向的，正是这些特征的不同组合方式形成了我们特有的性格。

特质

性格研究的先驱是高尔顿·奥尔波特（Gordon Allport）。他注意到每种语言里有大量的词汇来描述性格的方方面面，他把这些词汇称为"特质"。根据他的研究，有两种基本的性格特质，分别为共同特质和个人特质。共同特质是指生活在同样文化背景下的人有一定程度的相似特质。而个人特质在每个人身上的表现不尽相同，每个人都有独一无二的个人特质的组合，一部分人会显得更突出。中心特质是形成我们主要性格的特质。除此之外，还有次要特质，次要特质并不经常出现在我们的品位和偏好中，只在特定场合下出现。奥尔波特在一些人群中发现了一些单一的、主要的特质，比如，无礼、贪婪、野心，这些特质会使他们其他方面的特质黯然失色。

在暗淡的照明环境下，人们表现得更不诚实，更可能欺骗他人；而在明亮的照明环境下，人们的表现正好相反。

> ## 我们可以说一个人有某种特质，但不能说他属于某种类型。
>
> 高尔顿·奥尔波特

你是内向的还是外向的

根据对不同类型性格研究的统计数据，艾森克创建了一个关于性格类型的理论，而不仅仅是特质。奥尔波特发现了近乎无限种特征，然而艾森克认为这些特征应该在一个描绘出主要性格的图谱上（下页模型）。艾森克声称每一个人的性格类型都可以在两个标准上分成两类：是害羞的还是开朗的（内向或者外向）；在情绪上是否稳定（稳定的或者敏感的）。后来艾森克增加了一个新的评测标注——精神质，用来测量从精神病人身上发现的那些特征。艾森克相信所有的性格类型可以通过三个维度来衡量：外向（E）、稳定性（N）、精神质（P）。大多数人的性格可能非常接近某一个标准，但是即使一个人无限接近神经质，也不能说明他有精神病——除非他表现出有很多精神病人才有的病状。

大五人格

艾森克关于性格类型的理论在不久之后被卡特尔修改。和其他心理学家一样，卡特尔提出，我们的性格不是一成不变的，我们在不同的情况下会产生不同的行为，也可能展现出其他方面的性格特征。另外一些心理学家，比如乔治·凯利（George Kelly）认为，我们关于自身性格的想法——我们如何理解自己对世界的观察和经历，可能和其他人眼中的不

四种类型里的文字标签：

不稳定

情绪波动
焦虑的
严峻的
冷静庄重
悲观的
保持己见
不好交际
文静的

易怒的
不安定的
易进攻好斗
易激动的
易变的
冲动的
乐观的
主动的

外向

内向

被动的
谨慎的
有思想的
安宁的
克制的
可靠的
温和的
镇静的

社会化的
开朗的
健谈的
易有反响
悠闲的
活泼的
无忧无虑的
善领导的

稳定

四种类型

艾森克的人格模型有两个维度，每个象限包含这类人可能存在的特质。比如一个情绪不稳定的、内向的人可能是一个悲观的人。

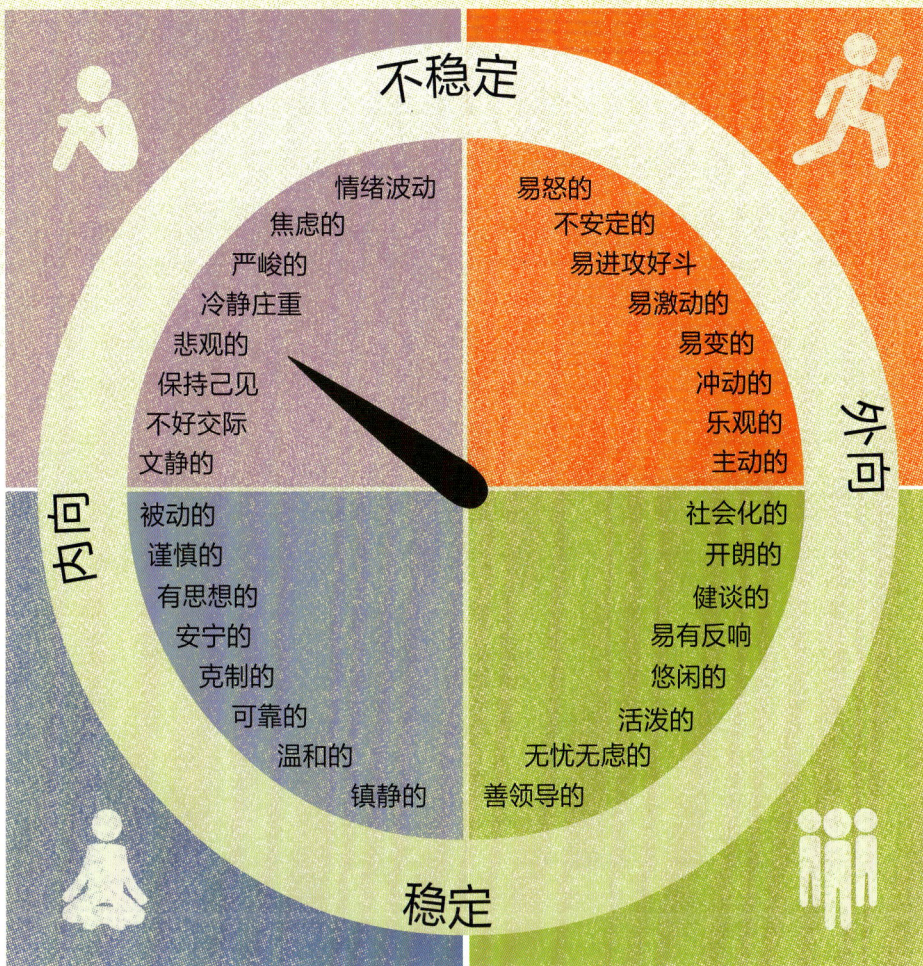

参见：第88~89页、第96~97页

同。他把这个独特的解释称为"人格构念"。20世纪60年代，心理学家基于五大因素创建出性格类型的系统（反对艾森克的三种类型）。大五人格的类别包括外倾性和情绪稳定性，这两个类别与艾森克的理论基本相同，但是精神质被宜人性和尽责性替代，并且新加入一个类别——开放性。现在的大多数心理学家都认为大五人格是归类性格类型最有用且可靠的方法。

第一印象

我们通过观察别人的脸可以得知他们的一些性格特质，这可能有一定的可靠性。我们能够通过外表来判断别人，而且不同的人观察同一人可以得出非常相似的结论。最近的研究表明，第一印象可以帮助人们准确地识别出一些性格特质。比如一副沉默寡言的样子可能表示这个人比较内向。

人物传记：

高尔顿·奥尔波特

1897—1967

奥尔波特经常被人们称为人格心理学的创始人，他大部分工作经历都是在哈佛大学。他出生在美国的印第安纳州，父亲是一个医师。在他6岁的时候，全家搬到了俄亥俄州。他最早在哈佛大学学习哲学和经济学，在伊斯坦布尔和土耳其待了一年以后，又回到哈佛大学获得心理学博士学位。后来他又到柏林和英国做研究，从1924年直到1967年去世，他一直在哈佛大学教学。

在学校时，奥尔波特性格内向，害羞且孤独。因为他只有8个脚趾，所以有时候会被人取笑。

运用词汇

奥尔波特在他的事业早期就对个性产生了兴趣。1921年，他和哥哥弗洛伊德·亨利·奥尔波特（也是一位社会心理学家）一起写了一本关于人格特质的书。在后来的研究中，奥尔波特和一位同事从词典中收集了18 000个描述人类性格的词，并且把它们进行了分类，归纳成了特质。

改变环境

根据奥尔波特的观点，我们的个性不是固定不变的，有些特质是持续不变的，有些特质会随着时间变化而改变。他以鲁滨逊为例，当鲁滨逊在孤岛上找到一个同伴时，他只表现出了某些特质。奥尔波特问道："在星期五到来之前，鲁滨逊缺乏特质吗？"

动机还是内驱力

在研究行为背后的原因时，奥尔波特区分了动机和内驱力这两个概念。我们做出行动的根本原因（动机）可以激发人们产生一种内驱力，使之朝着所期望的目标前进。例如，某些人走向政坛的动机是改进社会、帮助他人，这可能会发展为为自己的利益行使权利。

个性是一个太复杂的东西，以至于很难绑在**概念的**"**紧身衣**"上。

好的价值

奥尔波特认为人们的人生观能表现出他们的个性。他和同事一起主持了一个研究，用多选题的形式询问人们对六个基本价值领域的感受强度：理论，对真理的追求；经济，他们认为有用的；美学，他们对美的见解；社交，寻求他人的爱；政治、权力的重要性；宗教，他们对团结和道德的需要。

你觉得自己很**聪明**吗

内心
有些人能够自我反省，擅长写作和绘画，以及进行一些独立的活动，例如写日记。

有些人擅长运动，而另一些人却不擅长；同样的，一些人的心智能力稍微强一些，这样的人被认为是聪明的人。但是明确定义智力或测量智力并不容易。就像有许多项运动能力一样，智力也有很多种类型。

人际交往
有些个体有理解他人、与他人交往、擅长团队活动的天赋。

逻辑能力
一种通过推理、分析问题、探索模式来帮助他人解决问题的能力。

测量智力

阿尔弗雷德·比奈（Alfred Binet）是第一批研究智力的心理学家之一，法国政府邀请他来找出那些在学习上需要额外帮助的小孩。他和他的同事西奥多勒·西蒙（Theodore Simon）设计了一套测试来测试心智能力。这套测试被认为是历史上第一个智力测试。从那以后，无数测试被设计出来，用来衡量智商（或称IQ）。这种测试能反映个体智力的数值，显示了受试者相比智力平均值（IQ=100）高或低的程度。但有些心理学家质疑测试的可靠性。因为测试的问题反映了设计者在主观上对智商的定义——经常是数学或语言方面的能力，而在其他方面有能力的人分数就很低。

此外，测试通常会有文化偏差。其他文化背景的人在做基于西方观点的智商测试时分数就会很低。测试

行为
有些人能够有效地利用自己的身体——他们在以下几方面很有技巧：建造东西、运动、用肢体语言进行沟通。

语言学
有些人擅长同文字打交道——阅读、写作、说话、玩文字游戏、演讲、做报告。

音乐性
一些人对节奏、旋律、协调性特别敏感，他们有演奏乐器的天赋。

空间的
艺术家和设计师们对空间、形状有很强的意识，注意完美的细节。

我们同时应对多种类型的智力。

和衡量智商也会给人留下一种智商是不可改变的或不被环境影响的印象。这样的印象有时会被错误地拿来当证据：认为一些种族在基因上比其他种族的智商低。

从一般到特殊

另一个关于智力测试的问题：那些测试究竟测的是什么。有些人擅长数学，有些人擅长音乐或语言，但是他们擅长的这些东西都能归为智力吗？如果是这样，我们又该如何测试和衡量呢？英国人查尔斯·斯皮尔曼（Charrles Spearman）发现，有些人如果在一类测试中表现得很好，那么在其他测试里的评分也会很高。他提出了一个观点：存在先天的一般智力和针对特殊任务的特殊智力。与此同时，美国心理学家反对存在一般智力。吉尔福德（J P Gilford）对此有异议，他认为智力是由很多种不同的心智能力组成的，我们通过不断地组合各类心智能力，形成150种不同的智力。然而，雷蒙德·卡特尔（Raymond Cattell）却支持斯皮尔曼的观点，认为我们拥有一般智力，但是包含两个方面：流体智力（一种通过推理来解决新问题的能力）和晶态智力（运用从教育和实践中获得的知识来解决问题的能力）。

多元智力

之后，心理学家又扩展了对智力的定义。比如罗伯特·斯坦伯格（Robert Sternberg）把智力看作一种处理信息以解决问题的能力。他定义了三种解决问题的能力：分析——完成传统智力测试的能力；创新——解决新的或者不常见问题的能力，以及用不同的视角看事情的能力；实践——运用知识和技能解决问题的能力。霍华德·加德纳（Howard Gardner）对"存在不同种类的智力"这

> **通过一个人在音乐上的才能，预测他在其他领域的表现的准确性是零。**
>
> 霍华德·加德纳

一观点进行了更加深入的分析。他阐述了我们有"多元智力"，在不同的能力领域内都有一个独立的智力系统。他最初列出了7种智力（见上页）。在这些独立但有交集的领域内测量智力可以解释人们特有的能力，也有助于消除由一般智力测试带来的错误印象：一些文化或种族内的人们比其他的人拥有更高的智力。

> 大脑的大小和智力水平没有相关性。爱因斯坦的大脑重量就比平均水平更轻。

良好的开始

1968年，在美国密尔沃基的贫困地区展开了一项实验。实验将40名新生儿分为两组。第一组婴儿接受高质量的学前教育与饮食，他们的母亲也接受了孩童养育及职业发展的训练。当这些孩子开始上学时，第一组孩子比另一组没有得到任何帮助的孩子有更高的IQ。但是一旦停止帮助，第一组孩子的智商又缓慢下降了。这暗示着智力受到环境的影响。

你为什么如此**情绪多变**

生气　　失望　　害怕

我们的经历可以让我们高兴、悲伤、恐惧或生气。不同的情绪影响我们思考的方式，甚至会引起生理反应。我们很少理智地控制我们的情绪，情绪常常很强烈，以至于我们很难隐藏它们，甚至还会控制我们的行为。

参见: 第46~47页、第94~95页

感觉情绪波动

传统观点认为，我们的情绪受周围伴随自己长大的人们影响，而且不同文化背景下的情绪反应各有不同。最先挑战这个观点的人是达尔文，他认为行为和生理反应（例如面部表情）在所有的种族和文化里都是与相同的情绪相关的。后来，心理学家们认同了这个理论，并且发现情绪是不由自主的——我们通常没有办法控制它们。荷兰心理学家尼科·弗里达（Nico Frijda）解释道："情绪是帮助我们准备好面对生活经历的自然反应。"这些不由自主的情绪不仅是心理的感受，还与自然的生理反应有关——包括笑、哭、害羞及其他面部表情。这些表情都在向其他人展示我们的情绪，但是尼科又说，当思考过我们的情绪之后，我们也会知觉到自己的感受。不像情绪那样，我们可以控制这些感受并加以隐藏。

难以应对的情绪

心理学家保罗·艾克曼（Paul Ekman）曾广泛游历，研究不同文化背景下各类情绪的生理表现。他发现了6种基本情绪：生气、失望、害怕、高兴、悲伤和惊讶。像尼科·弗里达一样，他也注意到这些情绪不是有意识的，它们在被我们察觉到之前就产生了，而且难以控制。同时它们可以强大到推翻我们的基本欲望。例如，即使我们很饿，某些令我们恶心的东西也会抑制我们的食欲，

> ### 情绪本质上是无意识的。
>
> 尼科·弗里达

悲伤　　　高兴　　　惊讶

我们都有6种基本情绪。

隐藏情绪
保罗·艾克曼识别出了全世界普遍存在的6种基本情绪。他发现这些情绪非常强大，它们很难被我们从脸上隐藏。

情绪是一匹脱缰的马。
保罗·艾克曼

悲伤甚至可以压倒我们生存的意念。艾克曼还发现隐藏情绪很困难。即使我们试着"面无表情"，微表情测谎仪依然可以发现我们真实的感受。这些"微表情"是那些老道的德州扑克玩家最希望从对手脸上看到的。

会先出汗并发抖，然后这些生理反应导致了害怕。另外，理查德·拉扎勒斯（Richard Lazarus）认为一些可能自发的和无意识的思考过程会在出现情绪反应之前评估周围的情况，而罗伯特·扎荣茨（Robert Zajonc）又声称情绪和思考过程是完全分开的，情绪有可能先发生。

在识别他人的情绪方面，女性比男性更快、更准确。

什么最先发生
尽管大多数心理学家同意情绪是不由自主的，但是对于情绪如何与我们的生理反应、意识和行为相关联，心理学家们仍存在分歧。常识告诉我们，害怕这类情绪会发生在诸如出汗、发抖、心跳加速等其他生理变化与逃跑等行为之前。但威廉·詹姆斯（William James）和卡尔·兰格（Carl Lange）的观点正好相反。当你看到了让你恐惧的东西时，你

微笑然后快乐
一些心理学家认为我们的面部表情影响我们的感觉。在一个研究中，参与者被要求在看漫画书的同时微笑或者皱眉。他们被告知这是一个测量面部肌肉的实验。当他们被问及漫画是否好看时，微笑的参与者会觉得漫画更有趣。

什么使你**充满动力**

参见：第26~27页、第102~103页

训练意志力是需要付出努力的。这也是当我们累的时候，我们屈服于诱惑的原因。

我们各种行为背后有很多诱因。我们的行动是有目的的，有些事情刺激我们做出这些行为。有些时候，我们的需求很明显——因为饿，所以要吃饭，而有些时候，我们做事情是为了得到奖励，但是需求和使我们充满动力的奖励不总是明显的。

满足你的基本需求

为了生存，我们必须做很多事情，比如呼吸、吃饭、喝水、寻找住处和保护自己。关心自己的幸福是我们做出某种行为的基本原因之一，还有很多生理需求促进我们的行动。我们都曾基于这些需求和欲望而去做事情，比如饥饿的需求促使我们去寻找食物。根据心理学家克拉克·赫尔（Clard Hull）的观点，我们的所有行为都是在试图满足或减少饥饿、口渴、休息、社交和繁衍的欲望。但是其他心理学家展开了更加深入的研究，发现我们的欲望不仅基于生理幸福，还有其他需求促使我们行事。例如，我们还要满足心理健康的需求和受人尊重、陪伴和被他人喜爱的社交需求。这就是为什么有时候心理学家会区别生理需求和心理需求对我们行为的影响。

> 一个人能成为什么样子，他就一定会成为那个样子。
>
> 亚伯拉罕·马斯洛（Abraham Maslow）

逐利

尽管已经认识到这些基本需求影响我们每天的行为，一些心理学家也指出我们的动力来自于快乐主义——寻找乐趣和远离痛苦。这就是弗洛伊德精神分析理论的中心思想，但是行为学家尤其是斯金纳（B. F. Skinner）认为我们行为的动力来源于获得奖赏或者避免不适。我们吃东西不仅是满足饥饿的需求，也是在享受美食，避免饥饿的不适。那么，是什么激励我们做出一些对生理舒适没有直接影响的事情呢？奖励这个概念帮助我们做出了解释。例如，小孩通过玩来学习，但学习并不激励他们，他们只是觉得很有趣才玩。成人也是这样，会做一些没有实际奖励的事情，例如爱好和运动。一些活动——极限运动或喝酒——实际上可能会伤害我们的身体，但人们还是这么做，因为他们享受这些活动带来的感觉。甚至在工作中，一些人的主要动机是赚钱买食物和养家，但同时他/她还享受成就、尊重和权力欲望的满足。

胡萝卜还是大棒

奖励并不总是提升动机。在一项研究中，一些喜欢画画的孩子因为他们画的画而获得了奖励。之后，这些孩子比那些没有被奖励的孩子画得更少了。他们一开始是因为喜欢而画画的（内心的奖励），而不是为了外在的金钱和奖励。奖励改变了孩子对事情的热爱。

自我实现的需要

当我们充分利用自己的能力，发现人生真正的意义时，我们便达成了自我实现。

需求层次

当然，生理需求例如食物、水、空气，比我们解决问题或需要陪伴的心理需求更重要。人有很多种需求，马斯洛认为人们的需求可以按照必要程度进行排序，他的需要层次理论常常以金字塔的形式展示。最下层是我们的基本生理需要，上层分别是安全需要、爱和自尊的需要，顶端是非必要的自我实现（实现我们独特的潜能）和自我超越（超越自我，追求更高的目标）的需要。马斯洛认为，要实现一个完整的人生，我们必须满足所有层次的需要。

尊重的需要

我们需要感觉自己是有价值的、被尊重的，并且为我们的体育、学术成就而自豪。

社会需要

我们希望自己有归属感，寻求亲密关系，希望被朋友、家人或其他人所接受。

通往满足自我的路

马斯洛的层次理论包括五种需要，这些需求被看作是实现满足的重要阶梯。

安全需要

感觉安全——受保护及远离危险与恐惧——对于我们来说是重要的。

基本需要

人类需要呼吸、饮食、保持温暖、繁衍及睡眠来生存。

通往自我实现的路

人的性格会改变吗

那个青蛙所在的树枝看起来比我的好——这真让人生气

找到了我阳光的一面——

感到忧郁——

**我们的个性
与周围的环境
相适应。**

参见：第86～87页、第94～95页

当我们谈论性格这个话题的时候，我们倾向于去想别人是个怎样的人，他们一般做些什么。性格是与生俱来如此的，还是随着成长由后天培养而来的？性格会不会持续改变？我们会不会在不同的环境下有不同的性格？

培养性格

汉斯·艾森克（Hans Eysenck）的类型理论和高尔顿·奥尔波特（Gordon Allport）的特质理论是有关性格的两个主要理论。这两个理论对以下问题有不同的观点：性格在多大程度上是天生的，在多大程度上是由环境决定的。艾森克认为性格主要是与生俱来的、由基因决定的，所以性格在很大程度上是固定并且不变的。奥尔波特的理论认为性格会受环境的影响且随着时间而改变。卡尔·罗杰斯（Carl Rogers）和马斯洛更加深入地认为人们可以根据自身发展的需要来调整性格。今天，大多数心理学家认为基因和环境在塑造我们的性格方面都会起到作用，性格是在我们经历了许多人生阶段（例如青少年、成人阶段）后形成的。

不同的情境

这些理论对什么主导性格及性格随时间的变化等问题有分歧，但是它们都认为人们对现实的态度和相应的行为方式都具有比较稳定的且具有核心意义的个性心理特征，人们无论在什么情况下都会倾向于以一定的方式行动。美国心理学家沃尔特·米歇尔（Walter Mischel）却质疑这个观点。他发现人格特质并不能很好地预测人们的行为，并且人们在不同环境下的表现也不一样。他认为我们判断一个人的性格的依据不应该是那些相对不变的人格特质，而是不同环境下他的行为方式。毕竟大多数人都是通过行为判断某个人的性格的，而不是所谓的人格特质。这种理论叫作情境决定

> # 人们的行为如果没有环境的约束，必定荒谬并且毫无秩序。
>
> 沃尔特·米歇尔

论。比如，大家甚至某个人自己都认为他的性格是沉静的、温和的，当遇到困难的任务，比如考试时，他就会表现出这些特征。但是当他需要在公众面前讲话的时候，他又会变得非常紧张；在竞赛中，例如运动会，他又变得争强好胜。这些人格特质都是他性格的一部分，但是只在特定的场合下出现。当人们生活的情景发生改变时，人们的行为也会改变，并展现出性格的不同方面。同时，最常出现且最影响行为的人格特

> # 任何认为性格是固定的、不变的理论都是错误的。
>
> 高尔顿·奥尔波特

质也会随着环境而改变，人们的性格也由此改变。

揭示行为

并不是所有的心理学家都同意米歇尔颠覆传统的性格类型和人格特质的情境决定论。但是他为"人们在不同情境下的行为与形成人们个性的特质是相互关联的"这一观点提供了证据，并且给出了一个新的研究性格的思路：由如何根据性格推测行为转向如何根据行为揭示性格。

> 只需不到一秒，你的大脑就能判断一个人的吸引力、能力与侵略性。

三个面孔

《三面夏娃》是多重性格的著名案例，（之后被拍成了电影），一名女性呈现出了两种截然不同的个性：一面是优雅、正经的，另一面是狂野的、轻浮的。在经过治疗后，她发展出了第三种个性：能意识到前两种性格的存在，并且能够平衡它们。

感觉很沮丧

总会有一些时候，我们觉得不开心。这往往是因为生活中发生了一些事情，比如亲人离去或仅仅是有点失望。我们通常会及时恢复过来。然而有时悲伤势不可挡。不开心和抑郁有区别吗？

悲伤和抑郁

当发生不好的事情时，我们自然会感到悲伤。但是如果悲伤超过了它应有的程度，消极的情绪持续存在，我们就认为它是抑郁。引发抑郁的原因不完全是外界事件，更主要的还在于人们自身精神上或者心理上的问题。然而悲伤和抑郁

> **他人**或者我们做的事情都**不会让我们难过**。使我们难过的是我们自己认为那些事让我们难过。
>
> 阿尔伯特·艾利斯

的界线并不是很清晰。心理学家阿伦·贝克（Aaron Beck）设计了一个贝克抑郁量表（Beck Depression Inventory），通过量表得分测量一个人从不高兴到重度抑郁的不同消极程度。精神病医生也有一系列的抑郁症诊断标准，比如长期悲伤、对平常喜欢的东西失去兴趣等。

别再责备自己

精神病学家倾向于把抑郁看成一种可被抗抑郁药治疗的脑内失调。心理学家认为抑郁的主要原因在于心理而不是生理。20世纪中期，阿尔伯特·艾利斯（Albert Ellis）第一次提出，不是事件本身消极，而是我们对消极事件不理性的反应把我们的不高兴转变成了抑郁。阿伦·贝克（Aaron Beck）把这个观点发展为：抑郁源于我们对世界产生的不切实际的消极看法。之后，马丁·塞利格曼（Martin Seligman）把抑郁解释为一种"习得性无助"情绪——消极的事件让人们觉得不能控制自己的生活。他认为人们理解消极事件的方式，比如

当人们抑郁时去购物会花比平时更多的钱，因为买东西让人们感觉好一些。

"我很笨""我在某一方面一直就不行""事情都是我搞砸的"，使得人们意志消沉和抑郁。澳大利亚心理学家多萝西·罗伊（Dorothy Rowe）争论道，自责也是抑郁产生的一个原因。当人们感到愧疚并且因为坏事和痛苦而责备自己时，不开心的情绪就会转化为抑郁。

难过是正常的

一个更极端的关于抑郁的观点认为，抑郁并不是一种病，只是极度的难过。罗洛·梅（Rollo May）认为苦难和忧伤是人生中不可避免的一部分，每个人都会经历到。与其认为抑郁是一种疾病或者需要医治，倒不如接受我们消极的情绪，把消极情绪看作是正常的，也是与生俱来的一部分。罗洛·梅认为，抑郁是我们心智成熟和发展的重要组成部分。其他心理学家也指出抑郁在西方社会中非常特别，可能因为西方社会认为开心才是正常的。也许这个期望是不现实的：我们会因为不开心而感到焦虑与愧疚，最终导致了我们所说的抑郁。

参见：第110-111页、第112-113页

> 正常的难过演变成抑郁，仅仅是因为在面对所有不愉快的事情时，你都会责备自己。
>
> 多萝西·罗伊

不要沮丧！

看看生活中光明的一面。

与情绪一致

抑郁的人也许更能够觉察情绪。加拿大皇后大学的学生被要求观看照片内他人的眼睛，并且说出照片中他人的情绪状态。抑郁的学生做得明显比不抑郁的学生要好，他们能识别出积极与消极的情绪。

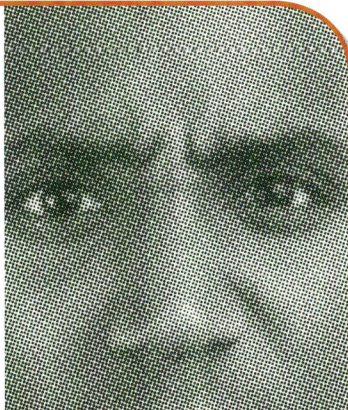

什么使人上瘾

现在有大量的药物影响我们大脑的工作。这些影响心理状态的药通常被用来治疗疾病，但仍有一些被用来"享乐"。大多数人有时会服用药剂，比如咖啡因。但是有些人变成了长期服用者，并且很难戒除。

你知道你会有麻烦，当……

你不能完成学校或工作上的任务：你表现得很差或者没有出勤。

即使你在生理上处于危险状态（比如在开车时），你依然使用药物。

未经治疗的上瘾比心脏病、糖尿病和癌症的治疗都贵。

调整认知

影响心理状态的药会影响我们的意识，它通过改变大脑和神经系统中传递信号的方式，来影响人们的情绪和认识事物的方式。影响心理状态的不同药物，会用不同的方式改变人们的意识。例如，兴奋剂（包括可卡因）会让使用者更加机敏和自信。相反，抑制剂（比如酒精）让人们的思维和身体反应变慢，给人们一种平静的感受。麻醉剂（包括海洛因和吗啡）给人一种安静和舒服的感觉。另外，致幻剂（比如LSD）会强烈地改变思维，扭曲正常的认知和思维过程。

药物滥用

很多影响心理状态的药都是非法的，但是一些药物，比如咖啡因、尼古丁和酒精不仅是合法的，而且在很多地方被社会所接受。社会对某种药物的态度影响了人们对"药物成瘾"的定义。心理学家托马斯·萨斯（Thomas Szasz）指出，"成瘾"这个单词通常是消极的，

> 在社会背景下，成瘾是个略带侮辱性的词汇。
>
> 托马斯·萨斯

这些药物往往不被社会认同。这个词可以更加广泛地形容一些"行为成瘾"，比如网络成瘾或工作成瘾。给人贴上"成瘾"这个标签，意味着"成瘾"是一种疾病，并且把人们使用药物的责任移除了。因此，很多心理学家喜欢说物质依赖和物质滥用。"物质滥用"是很难定义的，但在通常情况下，当使用者使用药物会有风险（对使用者和他人）时，就是滥用。滥用不是在药物数量上进行衡量。

> **当你靠药品让脑袋飘飘然时，你是在毁坏自己的心智。**
> 苏珊·格林菲尔德（Susan Greenfield）

你在药物影响下的行为使你陷入涉及法律的困境。

因为你依赖药物，你与家人和朋友的关系受到了影响。

依赖性

我们说的成瘾——没有办法停止使用药物——是一种生理上或心理上的依赖。一些药物的长期使用者，比如尼古丁，在生理上会依赖这个药物。当他们停止使用该药物时，他们会承受生理上的戒断症状，例如严重的头疼或者恶心。其他的药物并不会导致这样的生理依赖，但是习惯性使用者会发展成心理依赖：需要越来越多的药物来填补他们的渴望和需求。早期心理研究发现，"成瘾"是一种疾病，但不久他们发现，和生理成瘾一样，社会和心理因素（例如同伴影响、家庭背景等）都会导致药物依赖。

可供选择的奖励

人们一直以为物质依赖者会更容易依赖药物而不是食物。但最近一项研究发现，对海洛因成瘾的老鼠表现了出相反的选择。当对海洛因成瘾的老鼠同时面对海洛因和食物时，它们选择了食物。这表明有可能为成瘾者甚至是生理成瘾者找到优于药物的其他物质奖励。

人物传记：

西格蒙德·弗洛伊德

1856—1939

西格蒙德·弗洛伊德出生于摩拉维亚的弗赖堡（现在是捷克共和国的一部分），但他在4岁的时候就随家人一同搬去了奥地利维也纳，并在维也纳度过了一生。他在那里学习医学和哲学，后来发展为治疗精神疾病，例如，抑郁症和恐惧症的精神分析技术。虽然他的许多理论都被质疑过，但是他的工作成果对精神治疗产生了巨大的影响。

催眠和"谈心疗法"

在成为精神病学家后，弗洛伊德跟着利用催眠来研究歇斯底里症的神经学家让·马丁·沙可在巴黎学习。当他回到维也纳的时候，他与朋友约瑟夫·布罗伊尔开始了自己的尝试。他们邀请病人在催眠状态下谈论自己的问题。他们发现这样做减轻了病人的症状。后来，弗洛伊德发展出了"谈心疗法"：病人可以在不被催眠的情况下自由地表达。

冰山一角

弗洛伊德提出了一个理论，认为意识只是冰山一角：潜意识思维更多，而且一般隐藏于我们的内心，就像是水面下的冰山部分。许多心理问题的出现都是因为我们压抑了自己的潜意识。精神分析技术可以达到潜意识，从而治疗精神疾病。

弗洛伊德有7个兄弟，但是母亲最喜欢他，她把弗洛伊德视作自己的掌上明珠。

梦的解析

弗洛伊德使用很多方法获取病人潜意识中的思维和感受。他发展了"谈心疗法"，鼓励人们说出任何他们想到的事情。这个过程以"自由联想"而闻名。他也要求病人描述出自己的梦境，因为他认为梦境反映了潜意识的动态。

"对梦境的解释是了解心理潜意识活动的捷径。"

逃离纳粹

弗洛伊德到处旅行，传播他的精神分析理论。但是他一直视维也纳为自己的家。20世纪30年代，希特勒上台后，因为弗洛伊德是犹太人，备受纳粹的迫害。那时有许多犹太人都逃到了英国和美国。但是弗洛伊德不愿意离开维也纳。在1938年，他意识到留在维也纳不再安全，因此搭乘东方快车（欧洲最具吸引力的列车）逃到了伦敦。

什么是**正常**的

每个人都是独特的。除了生理差异，我们每个人都有自己独特的心理特征，比如性格和智力。这些心理特征让我们有别于他人。但是大多数人都拥有一些共同点——这些共同点被我们认为是正常的。

人们倾向于拒绝与标准不同的东西。

参见：第106~107页、第112~113页

什么是异常

人们可能明白什么是正常的，却很难准确定义它。在一种文化中正常的行为，可能在其他民族的人看起来就很奇怪，并且每个人都对"什么是正常的"有自己的看法。一种试图定义"正常"的方法是寻找什么是不正常的。异常的行为可以是有别于大多数人的行为，但是"异常"这个词也意味着某件东西不受欢迎或不被接受。例如，一些有特殊才能的人，并不被视为异常，而是超常的。当人们认为别人不正常的时候，就是在说他们不是人们认为应该有的样子。就像人们对身体健康的理解一样，人们基于正常的心理健康来做检查，并把那些有别于此的状态看作心理疾病，心理疾病经常与耻辱联系在一起。

心理疾病的分类

中世纪时期，异常的行为被认为是由巫术引起的。但是随着科学的进步，人们的态度逐渐转变，更多地将异常的行为视为一种疾病。19世纪，精神病学逐渐兴起，成为医疗的一部分，用来治疗心理疾病（虽然现代心理学家更偏爱使用术语——心理障碍，而不是疾病）。其中一位精神病学先驱埃米尔·克雷普林（Emil Kraepelin）认为，心理疾病像大多数病一样是由生理引起的。他发现了两种心理疾病：躁郁症（现在被认为是一种情绪或情感的失调），由外界原因

> 理解人们**发疯**的本质是医师的**职责**。
>
> 埃米尔·克雷普林

找出故障

人们识别着日常生活中各个方面的常态，并且避开他们认为异常的事物。即使在买胡萝卜的时候，人们也本能地偏爱那些长得更像胡萝卜的胡萝卜。

> 过去人们把**精神病人**视为**巫师**，现在人们认为**巫师**是精神病人。
>
> 托马斯·萨斯

生活中的问题

并不是所有的心理学家都认为"不正常"的行为是一种疾病并且需要治疗。其中，托马斯·萨斯（Thomas Szasz）认为，除非出现生理原因，比如大脑损伤，否则精神疾病不应该被视为"疾病"，而是"生活中的问题"——它由每个人都会面对的日常生活问题导致，比如分手或者痛失亲人。他认为大多数被精神病学家确认的心理疾病，包括抑郁和焦虑，事实上都是生活正常的组成部分。尽管这是一个极端的观点，但大多数心理学家和精神病学家都从中得到了启发：因生理原因造成的心理疾病和其他功能性疾病（萨斯所说的"生活中的问题"）是有区别的。

引起，可以治愈；早发性痴呆（现在被称为精神分裂症）由脑内生理问题引起，不可治愈。他首创了心理疾病的分类，奠定了现代精神疾病诊断系统的基石。世界卫生组织疾病分类（ICD）和美国精神病学协会的精神障碍诊断与统计手册（DSM）——这两个精神疾病诊断手册都列出了脑内损伤或疾病、精神分裂、物质滥用、情感障碍、焦虑症、性格和行为障碍、进食和睡眠障碍等。

在中世纪，人们认为行为异常的人是被魔鬼附身了。

你疯了吗

"精神错乱"这个词通常用来形容我们认为"疯狂"的行为。如今，"精神错乱"这个词被认为是有侮辱性的，而且不科学。传统意义上的精神错乱如今已被分类成不同的心理问题，或者被识别为不可预测的行为。

是发疯还是疾病

在大多数历史中，有极端不正常行为的人会被认为是疯子，并且和"正常"人有所区别。然而，在19世纪，人们的态度逐渐改变。精神病学渐渐兴起，认为这些"疯狂"的行为是有心理疾病的标志。精神病学家还发现有很多种不同的"疯狂"，伴随着不同的症状和程度。不可预测的或者出乎意料的行为被归类到精神病、心智异常。最严重的精神病就是我们今天所称的精神分裂症。早期的精神病学家认为这个病可以观察到比如偏执、错觉、幻想和无法理解的语言及行为等症状，因此是大脑内无法治愈的疾病。

活在边缘

我们都会做出在别人看来疯狂的事情。比如，喜欢跳伞的人并没有疯，他们只是想做一些打破常规的事情。

做出疯狂行为的人不一定是疯的。

一些情况会让很多正常的人做出一些阴暗的行为。

艾略特·阿伦森

疯狂的行为

当然不是所有不正常的行为都是由精神分裂引起的。还有很多其他心理因素，包括情绪障碍（比如抑郁症）、性格障碍、焦虑症、恐惧症。这些疾病的识别使人们逐渐意识到，以往被认作是疯子的人可能遭受着疾病的折磨。艾略特·阿伦森（Elliot Aronson）就着这个观点，更进一步争论道："并非只有病人才会做疯狂的事情。"他说，我们认为不正常的行为不一定就是由心理障碍导致的。有可能在特定的环境下，我们的反应就不同寻常。当遇到一个极端的情况，比如遇到重大事故或者犯罪时，我们都会表现出惊慌。所以阿伦森认为，在判断别人是否疯了之前，要先去了解他做出此行为的原因。

并没有什么疯狂的事情

阿伦森阐述了奇怪的行为并不一定全是有心理疾病的症状，但是一些心理学家展开进一步研究，颇有争议地反驳了所有心理疾病观点。托马斯·萨斯提出，除非存在生理原因（例如大脑有所损伤），否则心理疾病都只是因日常生活引起的不恰当反应，比如爱人的离世。甚至有些心理学家认为，心理疾病不应该被视为疾病和需要治疗。最先提出"反对精神病"的是莱恩（R D Laing），他甚至认为精神分裂不是疾病，只是人们把社会上一些行为不符合规范的人称为精神病人。莱恩认为，既然没有精神病之说，也不用分清人们是否疯了。尽管这个想法很极端，但是莱恩的想法影响了很多心理学家。比如，理查德·本特尔（Richard Bentall）认为区分心理疾病和健康的标准十分模糊，甚至几种类型的精神分裂都应该考虑将其归为心理疾病，而不是纯生理疾病。

> 社会非常重视正常的人，然而正常的人在过去的50年里杀死了1亿同样正常的人。
>
> 莱恩

在18世纪，洗冷水澡被认为是精神错乱、中毒的行为。

参见：第104~105页、第112~113页

疯狂的快乐

1992年，理查德·本特尔认为快乐也应该被视作一种精神障碍。尽管他的建议半开玩笑，但是其中也有认真的成分。据统计，快乐有可能是异常的。快乐与其他心理障碍相似，导致出现异常行为，例如无所谓的态度和冲动的行为。

有人本质上就**很坏**吗

我们每个人偶尔都会做一些自己知道是错的事情，但是一些特定的人比别人更容易犯罪。有一些人是习惯性的小偷小摸，另一些人是残忍暴力的犯罪。这些行为通常被认为是罪恶的，罪犯也会被视为邪恶的人或者精神变态。

> 精神变态不会考虑他们的行为会对其他人造成的影响，无论他们的行为是多么**毁灭性**的。
>
> 罗伯特·海尔

邪恶的行为

什么样的行为会被视为"邪恶的"？社会决定了什么是"不好的"行为，并且管这些行为叫作犯罪。这些行为也包括小罪，比如偷窃，我们通常并不会视其为"邪恶的"。但那些严重的犯罪（包括谋杀、强奸、攻击）被我们视为"邪恶的行为"。给这些罪犯贴上邪恶的标签对吗？好人在极端情境下也会给他人造成伤害，比如正当防卫。但是有些人经常会犯下暴力罪行。比起简单地认为这些人是邪恶的，一些心理学家更关注这些人是否选择做这些邪恶的事，或者说是否天生的性格、异常或者疾病导致了他们的犯罪行为。

参见：第112~113页、第122~123页

愧疚感让我们希望自己的身体也是干净的——这便是著名的麦克白效应。

人格障碍

通过分析犯罪的统计数据，比如罪犯的年龄、性别、智商、社会背景等，心理学家试图找出影响习惯性犯罪的因素，尤其是严重的犯罪。尽管社会背景也会导致犯罪，但很多心理学家认为人格是更重要的因素。罗伯特·海尔（Robert Hare）提出暴力的、犯罪的行为源自一种人格障碍，一般称作精神分裂人格，但他称之为"反社会人格障碍"（APD）。他发现很多性格因素都具有典型的APD特征，并总结出了识别APD的核查表。这个核查表主要分为两大类：第一类性格因素基本是自私、欺骗、没有责任心和同情心；第二类是不稳定且与社会不接轨的生活方式，包括长期依赖他人无法自理。近期研究表明，APD可能与脑部一块区域的不正常相关，但是还没有被确切地证明出来，而且环境因素也在影响着该心理障碍的发展。

犯罪心理侧写

作为心理学的一个新分支，侦查心理学现在可以为警察提供一些有用的信息。侦查心理学的一个重要内容是犯罪心理侧写（也称为剖绘）：从犯罪现场获得证据，推测出罪犯的个性及动机，从而缩小犯罪嫌疑人的范围。

黑暗面

一些心理学家认为，做出罪恶行为的人有内在人格障碍——精神变态人格。精神变态人格缺少共情能力，不会在意伤害他人。

你有邪恶倾向吗？

治疗和惩罚

社会用惩罚来对待大多数罪犯，通常是将他们关进监狱。罪犯也可能接受心理治疗以防止他们再次成为罪犯。这种方法对一些人管用，但是关进监狱和心理治疗对患有APD的罪犯基本上没用。对于如何治疗APD，现在仍存有争议。一些心理学家认为，指认别人患有APD并没有任何作用。罗伯特·海尔的核查表也遭到了批判，因为不是所有没有责任感、冲动又冷血的人都会犯下滔天大罪，并且有些患有APD的人并没有犯罪，但是变成了苛责下属的上司，甚至残暴的独裁者或者军队的首领。

倾诉是件好事

纵观历史，人们一直在寻找减轻抑郁、焦虑等病症造成的痛苦的方法。人们一开始没有意识到这些是心理疾病，直到19世纪，心理治疗开始有所发展，人们才认为了解障碍发生的原因有助于减轻痛苦。

> 一个人不应该通过抗争减少自身的矛盾，而是应该接受自身的矛盾。
>
> 弗洛伊德

谈心疗法

通过谈心寻找病因，这个疗法的倡导者是弗洛伊德。他曾经和神经心理学家让·马丁·沙可一起工作。沙可用催眠法治疗"歇斯底里"的病人。这些病人多为极端痛苦的女性患者。后弗洛伊德又和医师约瑟夫·布罗伊尔（Josef Breuer）通过催眠病人引导他们说出自己的症状。有一个名叫安娜的女性案例特别突出。布罗伊尔发现当安娜讲出自己悲惨的遭遇时，她的病情明显好转。这种谈心疗法让他俩认为一些焦虑和抑郁的症状可以通过让病人轻松谈论他们的想法、记忆和梦境来减轻。弗洛伊德后来发展了一个理论：我们试图忘记那些让我们不愉快或者惨痛的记忆，但是这些记忆并没有真的被忘记。它们深埋在我们的无意识中。同时他还认为我们的意识（自我）、内在的欲望与生理需求（本我）和我们被教导的准则（超我）相互冲突。

参见：第102~103页

弗洛伊德最小的女儿安娜也是著名的精神分析学家，她拓展了弗洛伊德的无意识理论。

精神分析

弗洛伊德认为分析被压抑的记忆和无意识中的冲突会让患者意识到他们的心理问题，从而克服问题。精神分析法很快就成为治疗焦虑、抑郁的流行方法。很多同事赞同弗洛伊德的方法，并且补充了他的无意识理论。例如，阿德勒强调了自卑感（也被他称为"自卑情结"）如何影响人们的心理健康。而卡尔·荣格（Carl Jung）专注于分析梦和符号，并且提出，除了个人的无意识思维，我们所有人都有集体无意识思维。

解放无意识

弗洛伊德认为谈话是治愈心理障碍最好的方法。通过向治疗师解释他们内心的想法和梦境，病人能够解放自己被压抑的情绪，消除自己的痛苦。

改变生活

很多心理咨询师采用了弗洛伊德的方法，但不是所有心理咨询师都同意他的无意识理论。有些人认为这个理论是不科学的，因为它是基于推论的，而不是实证。汉斯·艾森克（Hans Eysenck）也质疑精神分析是否有效。还有一些人虽然反对弗洛伊德，但是认为自由谈话这个形式是有利的，他们认为让病人讲述自己生活的各个方面会明显好于试图分析他们的无意识。另外一种格式塔疗法兴起于20世纪40年代与50年代，由弗里茨·皮尔斯（Fritz Perls）、劳拉·皮尔斯、保罗·古德曼（Paul Goodman）创立。格式塔疗法比起过去更注重当下，并且强调需要和心理咨询师建立起良好的关系，以便讨论如何才能改变生活。尽管现在心理治疗的形式和弗洛伊德的方法大相径庭，但是最基本的理念——通过谈话来解决问题，始终被用在很多心理障碍的治疗中。

唯一被原谅的方法，就是你自己说出真相。

弗里茨·皮尔斯

谈话释放了无意识……

说漏嘴

我们很难完全压抑自己的无意识。有些麻烦的事情在我们意识到之前就自己显现出来了。当我们在说话的时候，我们的肢体语言暴露了我们内心真实的想法。或者说我们可能会出现口误（这种现象被称为弗洛伊德式失语），这些口误反映了你真实的想法。

治疗就能获得全部答案吗

除了试图研究人的心理和行为之外，心理学家还在寻找各种可以治疗精神障碍的方法。临床心理学是心理学里检验心理健康的一个分支，包括使用各种不同的方法来进行治疗（通常被称为心理疗法）。

> 如果一个问题不可控制，那么就把它分解成可以管理的几部分。

一勺药

精神障碍曾经被人们认为是无法治疗的，直到精神病学兴起，人们开始试图寻找治愈精神障碍的方法。神经学研究的突破让他们了解到更多大脑和神经系统的知识。医生开始寻找各种可以改变大脑运作的治疗方法，包括切除或隔离大脑的一部分、电疗法（ECT，用电流通过大脑）和药物（改变大脑内的化学联结）。这些治疗方法都是用来治疗那些由生理因素导致的精神障碍的，例如大脑损伤。但是精神病学医生发现他们的治疗使病人又出现了其他心理疾病。手术和电疗现在被认为是非常具有侵略性的治疗方法，所有其他方法都失败才能使用。但是药物依然是大量精神障碍的常规治疗方法，例如抗抑郁药和抗精神病药。现代精神病学不只是靠生理治疗，大多数患者会结合药物治疗与心理疗法。

> 我认为精神分析是以信仰为基础的治疗。
>
> 阿伦·贝克

> 在传统的精神病院，有心理疾病的病人忍耐着可怕的环境。

心理学的方法

心理咨询师发现不是所有的精神障碍都和生理有关。事实上，有些精神障碍是心理问题，需要某种形式的心理治疗。最初弗洛伊德用精神分析法治疗他所认为的神经症，包括抑郁、焦虑等明显不是由于大脑损伤出现的精神障碍。基于弗洛伊德的无意识理论而形成的精神分析疗法是常用的治疗手段，然而有些心理学家质疑这种疗法的有效性，其中约瑟夫·沃尔普（Joseph Wolpe）发现，精神分析对患有创伤后应激障碍（PTSD）的老兵毫无作用。行为主义中的条件反射激发了沃尔普的灵感，他创造出了行为主义疗法，致力于改变病人对事情的回应。心理咨询师在其中是更活跃的一个角色，会使用一些技术，例如系统脱敏法（逐渐暴露让病人感到害怕或紧张的事物）和厌恶疗法（使得被试者将不希望有的行为与令人不愉快的事物联系起来）。沃尔普认为如果病人的行为可以被改变，那么他们消极的想法和感觉也都会消失。

驱逐消极想法

还有心理学家认为行为主义疗法也有问题。认知心理学（研究心智是如何运作的）认为如果消极的想法和感觉已经被治愈了，那么行为也就自然而然正确了。阿伦·贝克（Aaron Beck）是对精神分析法大失所望的心理咨询师，他创造了认知疗法，帮助病人用不同的方法看待问题，并且克服他们总是消极地看待事物的倾向。贝克鼓励他的病人去检验自己的想法和感受，而不是被消极的"自动想法"所控制。同时，阿尔伯特·艾利斯创造了另一个相似的疗法，叫作理性行为疗法，鼓励病人在面对困难时理智地看待问题，而不是一味地沉溺于非理性的消极想法中。贝克和阿尔伯特·艾利斯（Albert Ellis）结合了行为主义和认知心理学的观点，进一步创造出了认知行为疗法。认知行为疗法已被证明在多种精神障碍的治疗上是有效的。该理论认为，不是外界发生的事件本身引起了情绪困扰，而是人们对事物的理解、态度、评价等导致了问题。人们的感觉和行为都是基于认知的。因此要改变情绪困扰不是致力于改变外界事件，而是应该改变认知，通过改变认知，进而改变情绪。

在石器时代，首先被用来应对心理疾病的是在病人的脑袋上开孔，从而释放魔鬼的灵魂。

参见：第98~99页、第110~111页

生活在进步

认知行为疗法关注当下的问题，而不是深究病人过去的经历。通过检验困难并把问题逐步分解成小块，病人就能够以更积极有效的方式管理自己的问题。

虚拟现实

认知行为疗法在治疗恐惧症（例如害怕蜘蛛或昆虫）时尤其有效。在第一次治疗时，咨询师会要求病人换个角度思考他们害怕的东西，然后逐渐将他们害怕的东西暴露给他们。现代计算机技术已经可以让恐惧症患者通过虚拟现实来体验令他们害怕的事物，而不需要在现实生活中面对。

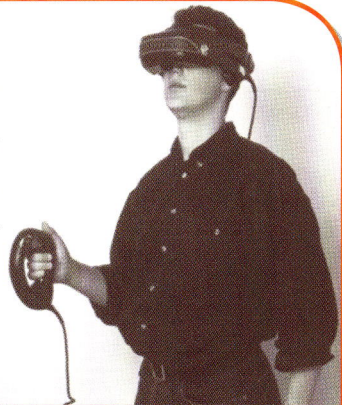

别担心，开心点

很多心理研究都关注异常情况或心理疾病。但是从20世纪末开始，心理学家们选择了更积极的方法，研究我们如何才能快乐和过上满意的生活。

找到你的幸福流。

好的生活

幸福需要努力。不要只回避令你不愉快的任务，你需要积极地做这些事情。

试图减少心理组成的消极部分，最初是从心理治疗开始的。一些运用弗洛伊德精神分析法的心理咨询师开始质疑专注于需要治疗的精神障碍是否有益。相反的，他们觉得应该关注心理健康及追求心理健康的方法。最先采取这个新视角的心理学家马斯洛认为，我们应该停止把人看作"症状的集合体"，而是要关心他们的优秀品质。同样的，艾里希·弗洛姆（Erich Fromm）认为很多心理疾病是可以通过发现自我的想法、能力和成就感来克服的。另外一个非常有影响力并赞同这个观点的心理咨询师是卡尔·罗杰斯（Carl Rogers），他认为所有的治疗都应该聚焦于个体，帮助他/她过上他们认为"好的生活"——不仅仅是快乐，还有满足。他觉得心理健康不是一个固定的状态，而是人们可以通过发展来实现的状态。在发展的过程中，我们对自己负责，最充分地享受生活。

参见：第98~99页、第112~113页

过好的生活意味着要把自己沉浸到人生激流中去。

卡尔·罗杰斯

寻找快乐

从治疗心理疾病到帮助人们过好的生活——这个重心的反转所引发的潮流被称为积极心理学。其先锋代表是马丁·塞列格曼（Martin Seligman）。他说，想要过上快乐的生活，我们必须知道是什么使我们快乐。通过分析快乐、生活充实的人们，他发现了三个主要的因素。第一是愉悦的生活，通过寻找使我们感

沉浸在自己的世界

音乐家们如此专注于自己的音乐，以至于他们可以将自己与外在环境分割开来，在音乐中获得一种极大的幸福感。

入迷是进入替代现实的第一步。

米哈里·契克森米哈

到愉悦的事情和社交来使我们快乐。尽管这是我们快乐生活中的重要部分，但它不能使我们长久地快乐。因此我们还需要找到奖励和满足，就像罗杰斯所说的那样，"好的生活"——通过做我们想做和能做的事情实现个人成长，以及"有意义的生活"——不仅为自己，而且为他人或基于更伟大的理由做事。

受心流。心流不仅出现在闲暇时，也可能会出现在工作时，让我们感到奖励和生活的意义。

有回报的工作

在匈牙利出生的心理学家米哈里·契克森米哈（Mihaly Csikszentmihalyi）也研究了过着快乐、充实生活的人们。他发现尽管他们从不同的事情中找到满足感，但当他们完全沉溺于自己想做的事情的时候，他们所描述的是某种相似的感觉，那就是察觉不到时间流逝，感到平静、专注，甚至忽略自己和周边的事情。这个被契克森米哈称为"心流"的状态，就像音乐家在表演时的投入状态。我们能在任何事情中感受到心流，不仅是创造性的活动（比如音乐、艺术），只要事情不超过自己的能力，而且还能有一点挑战性，我们都有机会感

感觉良好的行为

2005年的一项研究发现，对他人友好能够提升我们的幸福感。学生被要求在6周里的每周都表现出5个友善的行为，另一些学生被要求在一天里就表现出一个友善行为，还有一些则需要在一天里表现出5个友善行为。结果显示，一天完成一个友善行为的学生，幸福感有轻微提升，而一天完成5个友善行为的学生，幸福感提升了40%。

阳光的感觉

心理学研究发现，阳光及人造光照可以减轻季节性情绪失调（SAD）的症状。季节性情绪失调包括疲惫、紧张及不愉快，是由于人们在冬季里接受的光照减少导致的。

愧疚的脸

我们表情里微小的、无意识的变化经常被称为"微表情"。微表情能够反映我们潜在的情绪。专家寻找微表情是为了识别出这个人是否在撒谎。比如，安保人员用微表情来识别出恐怖分子。

现实世界中的

差异心理学

对抗忧郁

研究发现，如果结合日常的锻炼，抗抑郁药的效果会更好。锻炼身体会释放内啡肽（天然的抗抑郁成分）。与不健康的习惯（例如喝酒）相反，锻炼是消除忧虑的健康的生活方式。

开朗的心态

心理学家发现，保持开朗的心态运气更好。即使有一定的风险，愿意拥抱生活、感情与工作机会的人们普遍比谨慎的人更加容易满足，也更加乐观、积极。

心理学家编制的个性测验可以很好地帮助学生选择适合自己的职业。这些测验也被用来与面试相结合，帮助雇主选择与岗位相匹配的候选人。

好的匹配

你需要这个

广告人在销售产品时，试图将自己的产品与人类的基本需求（例如爱和安全）联系起来。例如，香水广告总是宣扬你在使用香水后会更加吸引异性，保险公司强调他们的产品将保护你的家庭。

我们都拥有不同的个性和能力。一些人存在精神障碍，例如抑郁症和精神分裂症。通过了解这些个体差异，心理学家可以帮助人们解决问题，鼓励大家过上幸福、充实的生活。

与普遍的认识相反，心理学家发现有多种类型的智力。一些人考试成绩并不好，但是在其他方面有卓越的能力。例如，赌徒经常在学校早退，但是能够进行复杂的心算。

才能序列

改变坏的习惯

为什么许多人吸烟上瘾？研究发现，虽然"瘾君子"想要停止吸烟，但还是会控制不住而继续抽烟。因为抽烟和他们习惯的特定情境联系在一起，例如社交或紧张。如果改变了情境，那么戒烟会容易一些。

你如何适应

你会从众吗

为什么好人会做坏事

别太自私

态度问题

说服的力量

是什么让你愤怒

你处于群体中吗

怎样塑造一个成功的团队

你在压力下能有好的表现吗

男孩和女孩的想法一样吗

为什么人们会相爱

社会心理学研究我们如何与他人交往、我们在团队中如何表现，以及别人对我们有什么影响。除了了解我们在工作、娱乐和私人生活中是如何与他人交往的。社会心理学也研究社会如何塑造我们的态度和行为。

你会从众吗

我们的行为会在很大程度上受到周围人的影响。我们身处不同的社会群体中，例如朋友圈、家庭乃至整个社会。尽管我们更乐意承认自己是独立的个体，但当我们面对来自这些群体的建议时，我们可能会感到压力。

> 食人族的一员接受了食人行为，认为食人是合理恰当的。
>
> 所罗门·阿希

顺从的需要

社会心理学的一个重要目标，是检验为什么我们所在的社会群体会影响我们个人的思想和行为。许多研究都证明了我们有顺从群体思想的本能。詹内斯（A. Jenness）在1932年开展的"猜豆"实验是最早的相关研究之一。詹内斯首先让学生单独猜一个瓶子里有几颗豆；接着他要求学生一起讨论这个问题，讨论完再给出自己的答案。结果发现，所有的学生都调整了自己原来的猜测，使得自己的答案更接近小组估计的数据。所罗门·阿希（Solomon Asch）设计了另一个实验，他让一些不知情的被试者加入到一个已经串通好的团体中，接着向所有人展示了一张图片，并且提出一些关于图片里三根线长度的问题。已经串通好的那批人约定对最初的几个问题做出正确的回答，对后面的问题做出完全错误的回答。尽管有些答案是完全错误的，不知情的被试者在1/3的时间里顺从了大部分人给出的错误答案，有3/4的人都曾给出过错误答案。

来自群体的压力

在完成上述阿希的实验后，那些不知情的被试者接受了访谈。所有人都说他们在实验中产生了自我怀疑和焦虑，感到自己不被当时的群体认可。很多人表示他们不同意其他人的回答，有一些人尽

从众也会有积极效应——烟民可能三五成群地戒烟。

循规蹈矩

在阿希的实验中，实验者询问被试者："在A、B、C三条线段中，哪条线段与卡片左侧的线段一样长。"许多人都选择了跟其他人相同的错误答案，尽管他们知道那是错误的。

管知道答案是错的，还是跟着大部分人回答，还有一些人试图让自己相信团队的回答是正确的。经过许多类似实验的探究，心理学家试图告诉我们，当我们在群体中时，会感受到顺从群体的压力。即使我们与他人的意见不一致，我们依然需要接受、认可他人。我们时刻准备着顺从，以此来融入群体。我们需要通过寻求他人的证实或引导来坚定自己的信念，这也是让我们怀疑自己、改变自己观点的来源。

连锁反应

群众的掌声也反映了我们顺从的需要。瑞典的科学家发现，只要有一个或两个人开始鼓掌或者停下鼓掌，人们会感受到社会压力，于是跟着其他人做同样的动作。人们都期望融入大趋势中，这也解释了人们为什么喜欢在脸书（Facebook）和推特（Twitter）上追随热点、加入群组。

坚定自己的信念

没有人准备屈服于有形或无形的压力来顺从群体。在阿希的实验中，依然有许多人没有顺从群体。在类似的研究中，当人们在纸上写下答案或者私下里给出答案时，会有很多人坚定自己的观点。一旦那些"共犯"里出现一个"叛变者"，那么更少的被试者会顺从群体。阿希的实验已经在世界各个领域被重复，结果发现在不同的文化背景下，人们的顺从程度不同。在集体主义社会（例如亚洲和非洲），集体利益优先于个人利益；而西方个人主义社会更重视个人的选择。因此集体主义社会中的被试者会比个人主义社会中的被试者更加顺从于群体。

哪条线和第一条线是一样的？

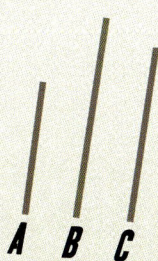

A B C

为什么好人会做**坏事**

即使是过着好日子的普通人，也会做出可怕的暴力、残酷的行为。他们通过责备环境或者声称他们只是接受指令，来为自己的行为辩护。心理学家已经在寻找人们行恶背后的原因。

令人震惊的实验

在二战期间那些侵略者的暴行之后，心理学家开始疑惑，如果相当一部分人做出可怕的事情，或者我们就处在与二战相似的环境中，那么大多数人会不会做同样的事情？两个著名的且有争议的实验得出了令人不适的结论。第一个实验是想了解人们屈服于权威的程度。斯坦利·米尔格拉姆（Stanley Milgram）以每人4.5美元的报酬邀请了一些被试者参加一个关于学习的实验。所有参与者都被介绍给华莱士先生。华莱士先生将假扮成另一个有心脏病的被试者。所有参与者都会被主试任命为"老师"或者"学生"。那些被试者不知情的是，其实所有真实的被试者都将是老师，假被试者（华莱士先生）一直扮演学生。在老师和学生都进入一个小房间后，老师必须问学生（华莱士先生）一系列问题，并且在管理者的指导下给予学生电击。学生每错一次，他被电击时的电压都会增加（事实上，每一次都是没有电压的）。

如果老师犹豫了，管理者会告诉他继续进行电击。第一次电击让华莱士先生发出了疼痛的咕哝声。随着电压的增大，他开始抱怨，并且保护性地喊叫起来。在325伏的电压下，他强烈地大喊。当电压高于330伏时，只有一片寂静。

> 如果权威人物穿着制服，尤其是警察制服，我们更可能服从他。

奉命

米尔格拉姆发现所有的被试者都把电压调节到了300伏特，而且有2/3的人采用了高于450伏特的电压。尽管他们也表现出极度的痛苦，但还是觉得自己必须服从管理者。米尔格拉姆解释道，这是因为我们从小到大都被教育要尊重并服从权威人物。但是，当某种行为是违反我们的意志、违背我们的责任

> 我知道
> 这是不
> 对的，

> **别人说要怎么做，人们就怎么做。**
>
> 斯坦利·米尔格拉姆

时，我们可以选择不服从。否则，好人也会做出可怕的事情。

旦我依然做了。

角色扮演

米尔格拉姆的实验展现了人们如何服从权威，菲利普·津巴多（Philip Zimbardo）探究了人们是如何在社会环境的影响下去做坏事的。

在他著名的斯坦福监狱实验中，他在斯坦福大学建立了一个模拟监狱，24个学生被随机分配到一个角色——罪犯或者狱警。令人吃惊的是，这些学生被试者很快便完全融入到了他们的角色中——狱警变得独裁好斗，罪犯变得被动。当他们被访谈时，狱警表示是权力给予了他们力量，这股力量从制服、棍棒和手铐中得到强化。罪犯表示他们感觉到无助和羞辱。津巴多总结道："我们倾向于成为社会期望我们扮演的角色。社会势力足以让我们中的任何一个人做出罪恶的事情。"

参见：第28~29页、第108~109页、第134~135页

许多人看到了事情的发生，但不说任何话。

菲利普·津巴多

医生的命令

一个实验员假扮医生，打电话告诉22个护士，要求他们给一个病人20毫克的药物，他之后再在处方上签字。尽管配药需要书面授权，而且药物最大的安全剂量是10毫克，最终21个护士按照医生的吩咐把药给了病人（实际上没有对病人造成危害）。但是在另一组可以相互讨论的护士群体中，21个人说他们不会给病人药。

别太**自私**

人们会用很多方法去帮助别人，比如让座或捐款给慈善组织。这些行为看上去对他人是有利的，但人们可能不是完全无私的。也许利他主义——完全不计较个人得失的帮助是不存在的。

我能从中获得什么

心理学家并不认为我们能够成为真正的利他主义。一些心理学家认为帮助他人，尤其是家庭成员或我们所处的社会群体中的成员，拥有保护我们自己的进化学意义。另一些心理学家认为我们所有的帮助行为都是自私的，因为这些行为让我们自己感觉良好，并且帮助我们在别人面前形成良好的形象。此外，我们看到别人需要帮助时，自己也会产生不幸感或悲痛感，帮助他们能减轻自己的这种感受。然而丹尼尔·巴特森（Daniel Batson）不同意以上观点，他认为我们有同理心相关的情绪，例如怜悯、敏感，这使得我们产生想要帮助他人摆脱悲痛的欲望。因为我们都有同理心，所以我们会做出利他行为。

> 人们更可能在心情好的时候去帮助别人。但如果帮助别人会破坏他们的好心情，他们可能不会出手相助。

旁观者效应

一件残忍的谋杀案吸引了心理学家对帮助行为进行思考。1964年，在纽约市，38个人目睹了一位名叫基蒂·吉诺维斯（Kitty Genovese）的人被刺杀，但是没有人提供帮助，只有一个人在案发后打电话报警。公众对该案件中冷漠的旁观者表示震惊。心理学家菲利普·津巴多解释道："大家旁观恰恰是因为有那么多的目击者。"这种现象被称为"旁观者效应"——旁观者越多，他们参与事件的责任感越少。这个观点被约翰·达利（John M. Darley）和比布·拉坦内（Bibb Latané）的实验证实。他们想探索群体的规模是如何影响群体成员去帮助癫痫发作的人或报告房间内的烟雾。结果发现，群体规模越大，做出上述利他行为需要的时间越久。

> **同情需要帮助的他人是我们提供帮助的动力。**
>
> 丹尼尔·巴特森

你会帮助处在困难中的人吗？

> 当不同的人目睹一个紧急事件时，所有人都会假设别人会上前帮忙的。
>
> 菲利普·津巴多

助。只有20%的时间里，"喝醉了"的实验员得到帮助。旁观者评估了情境后，得出的结论是喝醉了酒的人更不值得帮助，帮他可能会带来麻烦。

参见：第146~147页

赞成与反对

达利和拉坦内认为，当看到别人需要帮助时，旁观者会经历一个做出决策的过程。在出面之前，人们通常经过以下五步心理过程：首先要注意到事件；接着发现需要帮助；然后评估自己的责任；再选择一种方式来提供帮助；最后付诸行动。这5个步骤里一旦有一个被否定，那么旁观者就不会给予帮助，这也解释了为什么大部分旁观者都不出面帮忙。后来，达利和拉坦内在理论中融入了巴特森提出的共情观点，以及帮助行为背后的损失与收益观点。他们把决策过程分为两个阶段：第一个阶段是唤起阶段，一种由受害者的悲痛和需要所带来的情绪反应；第二阶段是损失—收益阶段，此时旁观者评估出面干预带来的损益。这种两难问题的答案取决于帮助的类型和受害者的身份。这个理论模型得到了"模拟纽约电车故障"实验的支持。一些乘客拿着拐杖，一些乘客的棕色手袋里装着一个瓶子。结果发现，有90%的时间，"残疾"实验员得到了帮

乐善好施的人

学生们被要求讨论乐善好施的人。当他们到达实验室时，分别被告知早到、迟到或准时。他们被带到一个房间，途中会遇到一个倒在门口、表情痛苦的男人。只有10%的人会立刻去给予帮助，45%的人前往帮助的匆忙程度弱一些，63%的人行动得很慢。匆忙上前帮助的学生可能在想再迟一点的帮助会有风险。

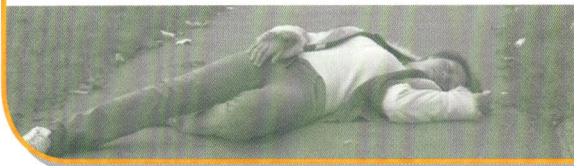

人物传记：

所罗门·阿希

1907—1996

1920年，13岁的所罗门·阿希及全家从波兰华沙移民到了美国。在以理学学位毕业后，他获得了心理学博士学位，师从格式塔心理学家马克思·韦特海默（Max Wertheimer）。阿希传承了他的导师在格式塔心理学里的工作，在一些美国大学里任教，最终成为了社会心理学领域的一名先驱。他最著名的研究领域就是顺从（conformity）。

宣传

二战之后，阿希研究了战争双方使用的宣传。许多心理学家认为，宣传的说服力主要在于信息传达者的威望。但阿希不这么认为，他提出人们基于说话的人考虑他们宣传的内容和意义，而不是只看说的人就盲目接受了信息。

隐藏的相机

观察人们如何顺从他人的行为是他的研究之一。阿希与电视节目《隐藏的相机》展开合作，拍摄一个不知情的乘客进入一个拥挤的电梯。当不知情的乘客进入电梯时，其他人在阿希的指导下同时转身背朝电梯门。那名乘客看到其他人都转身后，他也跟着转身了。

当阿希到达纽约时，他只会说一点点英语。他靠阅读英国作家查尔斯·狄更斯的作品自学英语。

形成印象

另一个阿希感兴趣的问题是，人们是如何形成对他人的印象的。在一个实验中，他把描述人的词表给被试者看。结果发现，在其他特征不变的情况下，"热情"和"冷漠"这两个词汇让被试者对虚拟人形成截然不同的印象。

人类的
大脑是为了
探寻
真相，而不是
听**假话。**

隐喻

通过他在印象形成中的研究，阿希对我们用来描述特征的词汇非常着迷。他发现人们不但用"冷""温暖""甜""苦"这些词汇来形容物品，还用它们来形容人格特征。通过分析各类语言及从古至今的演讲，他发现这是我们理解他人特征的方式。

态度问题

年轻人是不负责任的……

但是如果我想要搞定工作，就必须和年轻人一起工作。

我们的态度，尤其是对人或观点的态度总是基于植根于我们脑海中的信念，我们不情愿改变它们。而态度会影响我们的行为。有时候我们还会为了迎合社会环境来做出某种行为，但实际想法不会改变。

态度是什么

态度是我们对事情（他人或他人的想法或信念）的观点，不是特定时间的观点，而是总体的感受。社会心理学家丹尼尔·卡兹（Daniel Katz）解释道："我们对某事的态度源于我们与这件事的联系、该事物的属性及我们是积极还是消极地看待它。"例如，我们可能相信年轻人是爱冒险的，老人是谨慎的，但是我们对他们的态度基于我们认为这些属性是好的还是坏的。形成人们的态度的信念和价值观受到社会环境的影响。我们倾向于模仿和遵从成长环境中的文化规则，或者遵从其他社会群体（宗教、政治组织）。卡兹表示，我们的态度有很多功能。如果我们的态度是被社会接受的，那么我们便会获得他人的认可。我们的态度也会帮助我们做出一致的决策，表达我们的想法，远离相反的建议。例如，如果学生不擅长体育，那么他们便会对所有的体育活动产生消极的态度，以防止他们蒙羞。

如果是在吃饭的时候被介绍到其他人、事物或者言论，人们更愿意喜欢他们。

态度和行动

我们对事物的态度本能地影响我们的行为。例如，我们对政治的态度影响我们的投票行为，或者对报纸的选择，甚至对朋友的选择。态度也影响我们与持有不同态度的人的交往。但是态度不总是可以预测行为。在某些情况下，人们会做出与他们的意见相反的行为，因为他们有顺从他人或遵从权威的需要。当人们发现他们的态度不被周围人接受时，便会感受到社会压力。但这不表示他们的态度已经改变了。态度不会让人们做什么，而是会让人们思考和感受什么。

跟着我们的规则走

比起改变我们的想法和感受，遵从外在的规则并隐藏我们的意见更加容易。那么人们会改变他们的态度吗？一旦我们经过长时间的建立形成了信念和价值观，态度便深深植根于头脑并且很难改

老人是无聊的……

但如果我想要这份工作，我就必须要对这个老人好。

内部冲突

有时候人们和他人相处得好，尊重他人，但这并不表示他们内心深处是这么想的。

变。有一些态度更加顽固，尤其是那些我们用来防卫自己不被其他观点影响的态度。当态度比较极端的时候，会导致对其他人或事的一些偏见和误解，而且让我们产生一种优越感。但是，态度建立在我们所处的社会群体规则之上。当我们融入不同的社会圈子或经历了很长时间时，我们的态度也会变化。例如，200年前，许多人接受奴隶的存在，因为当时的社会对此持接受的态度。随着社会的变迁，人们还保持着自己的态度。但是现在，几乎没有人支持奴隶制。

态度是信仰和价值观的综合表现。

丹尼尔·卡兹

黑人和白人

在20世纪50年代的美国南部，对黑人的歧视是当时社会的普遍现象。但是在一项面向矿工的研究中，心理学家发现地下的社会规则是不同的。当人们在矿井里工作时，有80%的白人矿工与黑人同事做朋友。但是当他们到地面上时，只有20%的白人矿工继续对黑人矿工友好。白人矿工在地上和地下遵从不同的社会规则。

说服的**力量**

许多人试图改变我们的想法：在个人层面，朋友们可能希望说服我们做某些事情或者思考某些事情；也有很多广告试图说服我们购买产品；政治家和传道士希望影响我们的思想。这些不同的对象都在用相似的方法来说服我们。

参见：第74~75页

传递信息

当别人尝试改变我们的想法时，他们往往会逻辑性地把自己的观点表达出来。但这并不是能说服我们的唯一办法。我们是否喜欢对方？其他人是否也有同样的想法？我们改变想法后会有什么收益？这些都是影响我们的因素。当广告商和公众人物想要说服他人时，这些因素也不可忽略。表达一番好的见解只是说服过程中的一部分。

只有结合情绪上的感染、逻辑上的呼吁、可靠与值得信任的信息源，才能更好地传达信息。必须要让被说服者认为这些信息是与他们相关的，而且要让他们能舒服地接受新信息，而不与他们本身持有的信念冲突。

> 在对话中使用别人的名字将会使对方更加喜欢你、信任你。

交易的技巧

20世纪，广告商逐渐使用心理学中的说服理论来销售商品。广告技术也开始反映心理学家对态度改变的一些理解。行为心理学家约翰·华生（John B. Waston）因为一则丑闻而失去了他在大学的职位。之后，他开始利用心理学知识在一家广告代理商处工作。广告商早就知道，单纯展示商品是不够的，华生想出了一些说服消费者的新方法。他相信，有效的广告应该引起情绪上的共鸣，应该引起关于爱、害怕或者愤怒等反应。例如，可以说这件商品能增加你对异性的吸引力，或者有机食品比加工过的食品更加安全。华生还是使用商品认可书的先驱：利用医生和名人增加信息的权威性。他还展开了市场研究，系统地探索开放的人是如何接受新产品的。

未知的恐惧

人们面对自己所了解的东西时是舒适的，但面对新观点时容易有压力。社会心理学家罗伯特·扎荣茨（Robert Zajonc）将不同的符号展现给人们，结果发现，人们更加喜欢出现频率高的符号。反复呈现能增加我们的好感，促使我们对其态度的改变。

恭财

操纵头脑

除了售卖商品，另一些专家还用相同的方法出售观点。例如，政治和宗教群体需要说服他人，以招募新的成员。"恐惧"是改变观点的一个有力工具。例如，有些健康活动组织在呼吁大家戒烟时，会引起大家对疾病和死亡的恐惧。但是"恐惧"有时候也会被用来宣传极端的想法。杰姆斯·布朗（James A. C. Brown）在20世纪三四十年代对纳粹党的宣传进行了研究，发现纳粹党利用恐惧控制人们的思想。纳粹党利用人们从人群中站出来的恐惧，限制了人们的选择，用单一的观点遏制了多元的争论，把敌人当作替罪羊。一个拥有超凡能力的领导，例如希特勒，重复地表达情绪性的宣传语，成功地给人们洗脑。其他残暴的政权和邪教也使用了相同的说服技术。但说服的力量也可能是积极的。在认知行为疗法中，说服能帮助人们改变那些损害心理健康的态度。

> 对独自发声的害怕让人们想要淹没在人群中。
>
> 杰姆斯·布朗

洗脑
如果一个观点被不断地重复，我们便会接受这个观点，尤其是在其他信息被限制的情况下。

清晰的语言
如果信息是黑色、简单的字体，那么我们更容易在情绪和推理上做出反应。

专家的意见
如果信息的来源是可靠的，自博士、专家等，我们会觉得这个信息更加可信。

有魅力的传达
我们更容易被那些我们喜欢的人说服，例如魅力超凡的或者可爱的人。

5 说服的5种方法

制造恐惧
如果我们对事物的替代选择感到害怕，那么我们便会被这件事物说服。

是什么让你愤怒

愤怒是人类的基本情绪之一，我们也时不时感到生气。怒气来自于我们自身，或者来源于失望，或者是由外界环境诱发的。和其他情绪一样，我们很难控制愤怒——它会爆发，并且对他人显示侵略性。

侵略性是受挫折后的结果。

约翰·多拉德和尼尔·米勒

参见：第26-27页；第92-93页

内心的愤怒

比起其他动物，人类已经学会了控制自己的愤怒和侵略性。但是很多心理学家认为愤怒是人类的本性。一些人持有愤世嫉妒的观点，认为人在本质上都是自私的，会利用自身的侵略性去获取权力和收益。康拉德·劳伦兹（Konrad Lorenz）解释道："侵略性具有进化学意义上的功能，帮助我们保护我们的家庭、资源和领地。"西格蒙德·弗洛伊德（Sigmund Freud）把这种本能和自我毁灭的冲动联系在一起。这种内心的愤怒是针对我们

自己的。这种被我们压制的本能会在某种情况下爆发，把侵略行为施加给别人。虽然生气和侵略性可能是一种人类的本性，阿尔伯特·班杜拉（Albert Bandura）认为我们的侵略行为是我们从社会环境中学习来的。他开展了一项著名的洋娃娃实验，发现孩子们会模仿成人的暴力行为。这使得公众开始担忧暴力电影、电视节目和电脑游戏对孩子的影响。

研究发现，穿着黑色队服的运动队犯规次数更多。

多么令人沮丧

美国心理学家约翰·多拉德（John Dollard）和尼尔·米勒（Neal E. Miller）好奇侵略行为是如何发生的。当我们无法顺利完成某事时，我们会变得有侵略性。人们在他们的努力被阻断时会觉得沮丧失望，他们会对一切阻挡在他们成功道路上的事物发怒。如果没有人导致他们的沮丧，或者是因为自身能力不足才出现的问题，侵略行为就会面向一个无辜的目标，也就是替罪羊。多拉德和米勒认为沮丧感会导致侵略性。后来，他们改善了自己的理论，认为沮丧有不同的程度。忧郁或者由他人恶意的阻挡而引起的沮丧感将会导致侵略性。

暴力的象征

在里昂纳德·伯考维茨（Leonard Berkowitz）的一个研究中，一半被试者被电击。他们有机会给执行者电击进行报复。一部分人的房间里有一把手枪，另一部分人的房间里有一个羽毛球拍。不出所料，所有被电击的人都给予了回击，但是看到手枪的人回击的电击更多。

危险的导火索

伯考维茨认为沮丧感不能完全解释侵略行为。他认为沮丧感导致愤怒而不是侵略行为。愤怒只是导致侵略行为的一种心理疼痛形式。任何一种生理或心理的疼痛都将引起网民的侵略性。但是还需要其他的外界因素或线索来做出侵略行为（见上页"暴力的象征"）。伯考维茨认为我们将特定的物体（例如武器）与侵略行为联系了起来。当我们感受到环境中的线索时，我们会产生侵略的想法和感受，这会诱导我们做出侵略行为来消除我们的不适。

看到一把枪

令人烦躁的噪声

闻到臭味

输了比赛

交通堵塞

> **手指扣动扳机，但是扳机也可能拉动手指。**
>
> 里昂纳德·伯考维茨

我们因为各种各样的原因爆发：

准备爆发

我们在沮丧或者被外界环境影响的时候会生气。这样的外界环境可能包括武器、噪声、臭味或令人不舒适的温度。

人物传记：

斯坦利·米尔格拉姆

1933—1984

斯坦利·米尔格拉姆（Stanley Milgram）生于美国纽约。他的父亲是一名犹太裔的匈牙利面包师，母亲是罗马尼亚人。他成绩优异，大学期间就读于政治学专业，后在哈佛大学获得了社会心理学博士学位。20世纪60年代，他在耶鲁大学从事教学工作时开展了一系列"顺从"实验，并因此而闻名于世。他一直在纽约当教授，直到1984年死于心脏病。

制造争议

在米尔格拉姆最著名的电击实验（又称权力服从研究）中，要求参与者对回答错误的学习者实施电击。许多参与者遵守了指令，并且电击的强度越来越大。这个实验表明，大多数人会执行命令。虽然电击是假的，但是参与者相信他们当时正在伤害别人，这使得这个实验具有争议性。这个实验的目的，是为了测试受测者会不会为遵从命令而违背道德良心——米尔格拉姆好奇："千百万名参与了犹太人大屠杀的法西斯追随者，有没有可能只是单纯地服从了上级的命令呢？"

丢失的信件

在探究人们态度的实验中，米尔格拉姆和他的同事在公共场合放置了一些已经贴了邮票但是还没寄出去的信件。这些信件将寄给不同的组织，有些寄给药物研究协会，有些寄给坏的组织。人们是否帮忙寄出这些信件反映了人们对这些组织的态度。

走失的小孩

米尔格拉姆将一个小孩带到美国的街道上，让他假装自己迷路了，以此来探究多少人会给予帮助。小孩告诉路过的人："我迷路了，你能帮我打电话到我家吗？"米尔格拉姆发现不同地方的人反应不一样。在一个小城镇里，人们通常是富有同情心的，有72%的人给予了帮助。但是大城市里的许多人会忽略这个请求，经常绕过这个小孩，仅有不到一半的人给予了帮助。

菲利普·津巴多（Philip Zimbardo）和米尔格拉姆是高中同学，他们都成为了有争议的社会心理学家。

> "**遵守权威**所导致的影响**最深远**的结果是**责任感**的缺失。"

不良的影响？

米尔格拉姆还研究了电视节目中反社会行为产生的影响。他将一部医疗片《医疗中心》中的一个片段播放给人们观看，人们将看到不同的结局。在一个版本中，主人公偷了钱财；在另一个版本中，他把钱财给了慈善组织。然后米尔格拉姆把参与者带到了相似的情境中，看他们是否会模仿这个主人公的行为。结果发现，大部分人，即使是那些看了偷盗情景的人，也不会产生偷窃行为。

你处于**群体**中吗

人是社会性动物，会组织起来做一些自己无法单独做的事情。一些群体由相似的人组成，一些群体由持有不同观点的人组成。不管以哪种方式组织在一起，想要团体有效地发展，所有的成员都要持同一种行动方针，并且采取一致的行动。

> ## 组成一个团体的不是个体间的相似性或不同，而是命运的相互依存。
>
> 库尔特·勒温

一起工作

库尔特·勒温（Kurt Lewin）是第一个探究人们如何在团队中工作的心理学家。他定义了术语"团体动力学"，描述了团队及其中的个体是如何行动和发展的。他的观点受到格式塔心理学"部分的整合大于整体"这一思想的影响。这意味着，一群人能完成一个人不能做的事情。但是每个群体成员都有不同的想法。为了能像一个团队一样协同工作，每个成员都必须要有共同的目标，或者达成一致。即使西方社会中强调个性，但在团体内，达成一致是非常重要的。我们依靠团体（例如陪审团、委员会）来做出公正的、正确的决策。

> 比起在群体中，我们在一个人的时候能创造出更多创意。

共同思考

我们"顺从"的本能可以帮助团队达成一致，建立团队精神。但这也有坏处。社会心理学家艾尔芬·詹尼斯（Irving Janis）指出，顺从会导致个性的丧失。团队成员可能会感觉他们需要与其他人的想法一致。当个体在接受群体的决定时会感受到压力，这也是一种顺从的体现。社会学家威廉·怀特（William H. Whyte）提出，处于群体中的人们会存在一种"团体迷思"的风险，即顺从群体的压力而压抑个人独立的批判性思考。团体中的个体不但要赞同团体的决定，还要试着相信这些决定总是正确的。有时候，坏的决定会被全体通过而执行。另一个风险是团体成员开始相信他们的团体不会犯任何错误，而且比其他团体都要好。这导致了"团体内"和"团体外"的冲突。

允许异议

詹尼斯发现了"团体迷思"的问题，并提出团体迷思是可以避免的。当团队精神比团队中个人的意见更重要时，团队更容易发展。想法相同或者一起面对困难的决策时，人们也更容易形成团体。为了防止出现"团体迷思"的问题，詹尼斯提出了一个组织系统，用来鼓励组织成员进行独立思考。团队的领导需要表现得公正，使得成员没有遵从团队的压力，

> ## 团体迷思认为，团体的价值观不仅要考虑利益，而且还要是正确的、好的。
>
> 威廉·怀特

独立的思考会被集体的意识吞没。

大鱼、小鱼?

拥有相似观点的人更容易形成团体。一旦进入团体，成员会冒着牺牲个性的风险，盲目地跟随大多数人。这有时会带来灾难性的后果。

参见：第76~77页、第138~139页

力。此外，团队成员需要检验所有选择，而且还要咨询团队外的人。詹尼斯认为，意见不一致是一件好事情。他建议每个人员都成为恶魔的拥护者，尽量提出相反的意见来激起讨论。为了保证团队得出一个理性、公正的决策，要允许成员都保持自己的个性。创造一个健康的团队精神，而不是导致顺从的"团队迷思"。

和我一伙

20世纪50年代，穆扎费·谢里夫（Muzafer Sherif）进行了一个实验，他把一群参加夏令营的男生随机分为两组。同组的男生团结在一起，没有意识到另一个组的存在。随后，介绍这两个组相互认识，而且让他们在各个方面进行竞争。所有的男生都觉得自己所在的团队比另一个团队更好，两队之间产生了冲突的迹象。大多数男生认为，最好的朋友在他们自己队伍里，尽管很多人在实验之前的好朋友在另一个团队里。

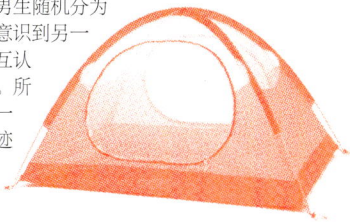

在各类情境下，人们都以团队的形式做事，例如那些商业、政治和娱乐（体育、音乐等）活动。单独的个体能在团队里发挥有效的作用，而且最好这个团队已被完善地组织。许多组织需要领导阶层。

团队精神

当一群人一起完成某个任务时，每个成员为了共同的目标而展开团队合作是非常重要的。库尔特·勒温（Kurt Lewin）是研究团队如何运作的先驱。他发现，为了保证团队的运作，每个人必须感觉自己是团队的重要组成部分。如果所有个体都意识到自己的幸福是建立在团队幸福的基础上的，那么他们会更愿意为团队的幸福承担责任。为了让每个人都做出贡献，团队必须结合每个人的长处和短处来组织成员。澳大利亚心理学家埃尔顿·梅奥（Elton Mayo）发现，工人在共同工作的过程中，由于抱有共同的社会感情而形成非正式团体。非正式团体中有大家共同遵循的观念、价值标准、行为准则和

有效地合作，来解决冲突。第三，个人的需要——每个人需要从工作中获得什么。平衡这些不同的需要，能够帮助成员感受到自己投入其中，从而尽心尽力，为组织感到骄傲。

一些经理对他们的团队没有信心。

怎样塑造一个

道德规范等。工人中还出现了组织团队、建立团队精神的领导者。其他领导层可能更加正式，但都是有组织的，每一位团队成员都在团队中拥有自己的地位，并在领导的带领下开展团队合作。

当权力不起作用时，不要增加或减少权力的使用，而应该改用另一种影响力。
道格拉斯·麦克雷戈

跟随领导

梅奥还发现，在工作时，人类的社会需要、属于团队一分子的感觉比获得任务奖励更重要。为了使团队的领导更加有效，我们必须要了解团队成员的社会需要，保证每个人各司其职。继梅奥之后，心理学家发现管理者应该考虑三个需要。第一，任务的需要——能够把事情完成。第二，团体的需要——保证大家

大约2/3的职员认为他们工作中最大的压力来自于他们的领导。

管理风格

领导可以用不同的方法来激励员工一起工作。有些领导是独裁主义，告诉员工应该做什么，不应该做什么。另一些领导则比较民主，而且会咨询团队成员的想法。有的领导甚至放任成员自主地处理事情。美国管理学专家道格拉斯·麦克雷戈（Douglas McGregor）认为，领导对自己团队的态度决定了他

两种领导风格

另一些经理相信团队成员是积极的和有能力的，很少干预他们的工作。

Y

参见：第136~137

成功的团队

的管理风格。他提出了两种管理理论：X理论和Y理论。在X理论中，管理者假设员工是懒惰、没有上进心、不愿意承担责任的，所以他采取了严格、权威型的管理风格。在Y理论中，管理者假设员工是积极主动、有上进心、自律的，所以采用了更加协作的管理风格。麦克雷戈的观点最初应用于商业管理，尤其是人力资源管理方面，在所有团队中都会有这样两种管理类型。

霍桑效应

20世纪30年代，埃尔顿·梅奥（Elton Mayo）研究了芝加哥霍桑电力工厂的员工。他发现，当工厂的照明程度有所提高时，工人的生产力也提高了。当他降低工厂照明程度时，工人的生产力并没有降低，反而有所提升。研究者再次提高工厂照明后，工人的生产力又一次提高了。工人们做出的反应并不是出于光照的变化，而是因为工人们对研究者所做的事感兴趣。这就是"霍桑效应"：当人们意识到自己正在被关注或者观察的时候，会刻意去改变一些行为或者改变言语表达。

大多数人的休闲活动包括竞技体育和游戏，他们或亲自参与这些活动，或作为观众。竞争的压力和被观众围观的压力也许能帮助运动员做到最好。成为队伍的一员可能也会影响个体的表现。

你在压力下能有好的表现吗

竞争意识

最初探索运动心理学的心理学家是诺曼·崔普里特（Norman Triplett）。他在19世纪末期进行了一项实验，探究竞争如何影响人们的表现。他发现，比起限时骑车，骑自行车的人在与别人竞争的时候骑得更快。为了探究竞争是否真的能提高表现，他设计了一个实验。他要求小孩用转轴拉动绑在绳上的旗帜。一些小孩单独拉绳，另一些小孩在拉绳时有别人竞争。他发现，当小孩处于竞争状态时，拉绳的速度都会快一些。我们有竞争的本能，激励我们表现得更好。后来又有研究发现，竞争也会导致躯体反应，例如心跳加快、睾酮水平提高，由此提升了我们的表现。

> 自己队伍获胜的愉悦感要比输的绝望感更持久。

观赏性运动

其他研究运动表现的心理学家发现，人们不但在和别人竞争的时候表现得更好，而且只要与别人同时做事情，或者被他人围观，人们都会做得更好。高尔顿·奥尔波特（Gordon Allport）把这种现象称作"同动效应"或者"观众效应"。我们在别人在场时做得更好，不一定是竞争状态。然而，扎荣茨和其他心理学家发现事情并不总是这样的。当我们做自己擅长、训练了很久的简单任务或技能（例如直接射门）时，我们会在别人在场时表现得更好。但如果是困难的事项（例如趣味射门），那么围观会导致表现变差。我们需要更专注地完成富有挑战性的任务，所以如果我们被别人的目光搞得心烦意乱，我们很可能表现得更差。

蟑螂竞赛

受观众影响的不仅仅是人类。在1969年的一项蟑螂实验中，被其他蟑螂围观的蟑螂比单独的蟑螂走迷宫走得更困难。而在更简单的任务（直线跑）中，当其他蟑螂也在场时，蟑螂跑得更快。

让别人做事情

他人的在场与否是影响团体体育活动的重要因素。我们不但要作为个人表现得好，而且还要与团队成员协作。尽管他人在场和竞争能提升我们的表现力，但这对团队来说也有坏处。

> 当**观众**在场时，学习
> 状态是受损的，但表现是
> 有所**提升**的。
>
> 罗伯特·扎荣茨

当团队逐渐壮大时，团队成员会倾向于表现得越来越差，尤其是在不知道每个人付出了多少努力的时候。例如，在一个拔河比赛中，队伍的成员越多，每个人使出的力量越少。比伯·拉塔奈（Bibb Latane）将这种依赖他人付出的现象称为"社会惰化"。

如果有人观看，我们会做得更好

…但是　　　如果我们　　　跨栏…

…而且我们必须成为……

备感压力

当别人在看我们时，我们往往在自己擅长的事情上表现得更好。如果我们不擅长，观众的存在将令人讨厌，可能会破坏我们的表现。

比赛通常……

你和我想

男孩和女孩有明显的生理差异，这些生理差异在一定程度上影响了他们从事某些活动的能力。不同性别之间是否有心理差异还不是很明确。如果存在不同性别间的心理差异，那么，这些差异是因为成人以不同的方式对待他们导致的？还是因为他们的大脑运作方式不同导致的？

男孩和女孩

被塑造为女性

20世纪五六十年代，女权主义的诞生引起了心理学家对性别差异的兴趣。法国哲学家西蒙娜·德·波伏娃（Simone de Beauvior）认为，我们出生时即获得生理的性别，随后社会对于男子气与女子气的观点影响着我们。许多社会是男性主导的，因而女性的气质往往被认为是顺从的、情绪化的。许多女权主义者对生理性别和社会性别（由于社会而产生的男性和女性在思想和行为方面的差异）进行了区分。发展心理学家阿尔伯特·班杜拉（Albert Bandura）

参见：第26~27页、第84~85页、第104~105页

女性大脑里负责控制侵略行为的区域，比男性大脑里相应区域的面积更大。

证实了这个观点：男孩和女孩表现得不一样，是因为他们被区别对待——他们学习到的是社会对不同性别的刻板态度。社会态度随着他们的成长日渐流行，如果他们的行为与社会中的性别刻板印象不同，人们就会消极地评价他们。心理学家艾丽斯·伊格利（Alice Eagly）表示，如果能干的女人表现出传统的男性能力，她会得到众人的消极评价。例如，英国前首相撒切尔夫人因其强硬的领导力被称为"铁娘子"。

智力层面的差异

这些性别刻板印象的背后有深层原因吗？性别之间真的有心理差异吗？埃利诺·迈克比（Eleanor E. Maccoby）认为并没有差异。她认为所有对性别的传统观点都是虚构的。例如，她发现女孩和男孩的智力之间不存在差异。但是有一

> 不同的人类社会都会定义性别的规范。
>
> 埃利诺·迈克比

的一样吗？

的想法一样吗

点比较难解释：在学校里，女生表现得比男生更好。这与传统观点（男孩在智力任务上表现得更好）有冲突。迈克比认为，这种差异的存在不是因为智力，而是因为女孩比男孩更加自律，能够在学术上更加努力。

存在男性和女性的大脑吗

一些心理学家认为，男女之间的确存在思维和行为方面的性别差异，而这些差异并不是由社会学习造成的。进化心理学家认为，女性有先天的能力去照顾家庭，男性则本能地提供保护和资源。最近，西蒙·贝伦科汉（Simon Baron-Cohen）提出了一个理论，他认为存在男性大脑和女性大脑（虽然这并不一定对应生理性别）。他认为，女性大脑更善于共情，能够更好地识别他人的想法和感受，并给予反馈。男性大脑是系统化的，能够分析处理机械和抽象的系统与规则。女性似乎在共情上的得分更高，男性在系统化上的得分更高。尽管贝伦科汉的研究似乎为性别刻板印象提供了支持，但是两种不同性别的大脑之间并没有一个明显的分界线。许多男性拥有共情的大脑，许多女性有系统化的大脑。大部分人认为他们拥有异性的特征，有些人甚至认为他们的灵魂被放置在错误的身体里。传统的观点将性别看成非黑即白的，但性别似乎是黑与白的共存体：它是灰色的。

婴儿实验

在20世纪70年代的几个实验中，心理学家让一些成人接触一个婴儿：婴儿X。一些人被告知这个婴儿是男孩，另一些人被告知这个婴儿是女孩，还有一些人不知道婴儿的性别。实验记录了这些成人对待婴儿的反应，例如他们是如何和婴儿玩的，用洋娃娃还是汽车逗婴儿玩等。结果发现，他们对婴儿的态度受到他们眼中孩子的性别的影响。

为什么人们会相爱

参见：第14~15页、第94~95页

他人的陪伴是人类的基本需要之一。我们需要朋友的陪伴，也需要更亲密的感情。心理学家尝试探索我们如何选择我们的同伴、为什么我们被同伴吸引，以及什么是爱。

> 男性和女性都本能地更喜欢对称的面孔。

不同类型的爱

我们与他人的关系让我们的生活更加有意义，其中，友情起到了重要的作用。但我们也形成了与友情不同的、更加固定的伴侣关系。虽然我们可能同时拥有多个朋友，但是一般都只有一个爱人。这种排外的一对一关系往往和爱情有关。一些心理学家认为，这种爱情是有进化学意义的：爱情促使我们选择一个伴侣结婚生子，也促使双方一同抚养后代。还有一些心理学家，包括约翰·鲍比（John Bowlby）把爱情描述成一种依恋形式。这种依恋类似于孩子对父母的依恋，同时还结合了相互照顾及性的吸引。但是，爱情有很多类型：激情型的、浪漫型的、友谊型的。伴侣关系也有不同的存在方式。在西方社会，个人自由选择自己的伴侣。在有些文化里，婚姻是由家庭安排的。在有些社会中，一夫多妻制的婚姻被认为是正常的。在世界范围内，很大比例上的情爱关系发生在同性之间。

爱和吸引

罗伯特·斯滕伯格（Robert Sternberg）研究了不同类型的爱情，定义了爱情里最基本的三个元素：亲密、激情和承诺。他认为，浪漫的爱情包括亲密、激情，但是承诺很少；同伴式的爱情缺少激情，但有亲密与承诺；当激情和承诺存在，而没有亲密时，这种爱是愚蠢的。所有的爱都源于最初的吸引。怎样变得有吸引力呢？进化心理学家们认为吸引力是一种选择繁衍后代的最佳对象的方法，即我们被健康的、有力量的人

一起变老

罗伯特·扎荣茨（Robert Zajonc）将同一对夫妻结婚第一年和结婚25年后的照片呈现给被试者看。他们发现随着时间的流逝，夫妻长得越来越像。这有可能是因为人们倾向于找长得像自己的伴侣，或者因为伴侣之间会相互模仿面部表情。

爱的三角

罗伯特·斯滕伯格（Robert Sternberg）认为爱情包括三个因素。这些因素的不同组合决定了爱的类型。最强的关系是建立在三个因素基础之上的。

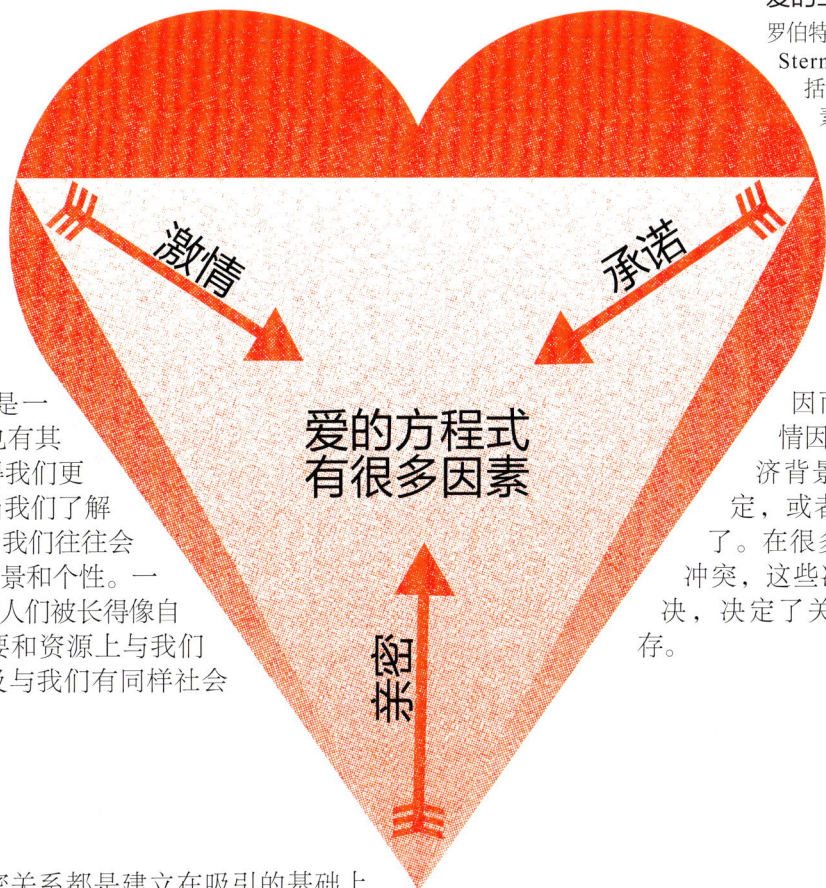

激情

承诺

爱的方程式有很多因素

亲密

吸引。这可能是一种物理吸引，也有其他一些因素使得我们更加有吸引力。当我们了解其他人的时候，我们往往会了解他的社会背景和个性。一些心理学家认为人们被长得像自己的人、在需要和资源上与我们互补的人，以及与我们有同样社会地位的人吸引。

因而破裂。有些爱情因为年轻或社会经济背景的不同而不稳定，或者慢慢地就分开了。在很多关系中都会有冲突，这些冲突是否能够解决，决定了关系是否还会幸存。

在一起

并非所有的亲密关系都是建立在吸引的基础上的。吸引仅仅是形成亲密关系的第一步。相互吸引后便是相爱，给出对方承诺，直到一起走入稳定的生活。为了能让关系进行到最后一步，斯坦伯格认为必须要将激情、承诺和亲密这三个元素结合起来。然而，长期的亲密关系可能因为各种各样的原

从摇篮到坟墓，依恋将一直伴随着人类的关系。

约翰·鲍比

爱的程度取决于亲密、激情和承诺的强度。

罗伯特·斯滕伯格

救援任务

社会心理学家拉塔尼和达利（1970年）发现当有其他的旁观者在场时，会显著降低人们对受害者伸出援手的可能性。旁观者越多，人们越不愿意出手相助；即使他们有所反应，反应的时间也会延长。这种"旁观者效应"（也称为责任分散效应）的存在，是因为人们假设别人会给予帮助。如果你在困境中，可以只对着一个人说"救命"。

网络欺凌

在网络上，人们往往对他人非常刻薄。匿名使得人们觉得自己不需要为自己的不良行为承担后果。心理学家认为社会网络需要揭发这些行为，告诉他们网络欺凌同样是不被接受的。

现实世界中的
社会心理学

相似的朋友

心理学家发现，和别人在一起会让你们变得相似。同住一层楼的学生比其他楼层的学生更相似，即使他们是被随机分配到各个房间的。

我们中的一员

我们容易被自己喜欢的人所影响，所以销售员会想尽办法令我们高兴。我们也倾向于信任和我们相似的人。这就是为什么政治家经常模仿观众的语言，在选民面前穿得更加休闲。

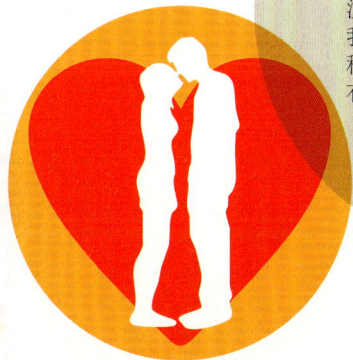

一些心理学家认为，我们因为进化的需要而顺从群体，穿最潮流的衣服，听流行乐队的表演更容易被社会接受。否则，我们将很难找到伴侣。从一定程度上来说，顺从让我们更加有吸引力。

找到伴侣

舞台惊恐

即使是顶级乐队也要在直播表演前进行大量的训练。观众的存在会影响我们的演出效果。如果任务是简单的，那么会让人在压力下表现得更好。如果任务具有挑战性，那么压力会让人的表现变差。

社会心理学家研究人们如何与他人交往、如何形成团队、如何对他人施加压力。他们的研究理论解释了我们与朋友、爱人之间的关系，也可以帮助个体与组织，例如政治家、广告商影响我们的行为。

广告技巧

你是否发现，有些无聊商品的电视广告变得荒诞了？广告商发现幽默的理由比理性的理由更能吸引人们买东西。商品越无趣，人们越不愿意看理性的分析。

如果你想让别人喜欢你，在握手前最好保证你的手是热的。研究者发现，改变手的温度能够影响别人对个体的印象。温暖的手能够给别人带来热情的印象。

温暖的触碰

心理学家名录

玛丽·艾斯沃斯（Mary Ainsworth，1913—1999）
见30~31页

高尔顿·奥尔波特（Gordon Allport，1897—1967）
见88~89页

艾略特·阿伦森（Elliot Aronson，1932—）
大萧条时期出生于美国马萨诸塞州，在贫困中成长。他大学时期的专业是经济学，一次偶然的机会，他漫步到马斯洛的一堂课上，从而转修了心理学。他的主要研究领域是偏见和极端行为，主要研究社会影响和态度改变、认知失调、人际吸引等。他是唯一一个在科研、教学和著书立说三个方面均获得美国心理学会最高奖的心理学家，并于1999年获美国心理学会颁发的杰出科学贡献奖。

阿尔伯特·班杜拉（Albert Bandura，1925—）
阿尔伯特·班杜拉是新行为主义的主要代表人物之一，他最著名的是波波玩偶实验和社会学习理论。班杜拉出生于加拿大艾伯特省的一个小镇，他的父母是波兰人。他在美国艾奥瓦州获得心理学博士学位，后执教于加利福尼亚州的斯坦福大学，并于1974年当选美国心理学会主席。

阿伦·贝克（Aaron Beck，1921—）
阿伦·贝克是认知疗法的创立者。他生于美国罗德岛，是俄罗斯移民的后裔。8岁时他遭遇了一场严重的疾病，从而立志成为医生。贝克曾就读于布朗大学和耶鲁大学医学院，后来他取得了精神科医生资质并在宾夕法尼亚大学工作。1994年，他和他的女儿朱迪思·贝克一起创立了认知行为疗法贝克学院。他的开创性疗法被用于治疗抑郁症。

科林·布莱克莫尔（Colin Blakemore，1944—）
科林·布莱克莫尔是英国牛津大学和伦敦大学神经科学专业的教授，也是英国医学研究委员会的前任首席执行官。他的研究聚焦于人的视觉和大脑的发育，并在神经可塑性领域的工作中表现出众。此外，他还对临床医学的动物实验进行声援。

戈登·鲍尔（Gordon Bower，1932—）
戈登·鲍尔最著名的是他在认知心理学方面的贡献，特别是关于人类记忆及其提取策略、编码策略和范畴学习等方面的研究。他在美国俄亥俄州长大，在高中时期就接触了西格蒙德·弗洛伊德的著作。他在俄亥俄州克里夫兰的凯斯西储大学（Case Western Reserve University）获得心理学学士学位，并在耶鲁大学获得博士学位。他在斯坦福大学任教，2005年，被授予美国国家科学奖章（National Medal of Science）。

约翰·鲍比（John Bowlby，1907—1990）
约翰·鲍比生于英国伦敦的一个中产阶级家庭，大多数时间都由家里的保姆照看，并在7岁时就读了一所寄宿学校。这些成长经历影响了他后来的事业。他在剑桥大学三一学院学习，随后成为一名精神分析师，在伦敦塔维斯托克诊所（Tavistock Clinic）做了多年主管。他从事精神疾病研究及精神分析的工作，最著名的理论是他在1950年所提出的依恋理论（attachment theory）。

唐纳德·布罗德本特（Donald E. Broadbent，1926—1993）
见70~71页

杰罗姆·布鲁纳（Jerome Bruner，1915—）
他是认知心理学的先驱，是致力于将心理学原理实践于教育的典型代表，也被誉为杜威之后对美国教育影响最大的人。杰罗姆·布鲁纳生于美国纽约，父母是波兰人。他毕业于北卡罗来纳州的杜克大学，后又获得哈佛大学心理学博士学位。二战期间曾为美军服务。1960 年，与 G.米勒一起创建哈佛大学认知研究中心，1965年，任美国心理学会主席。

诺姆·乔姆斯基（Noam Chomsky，1928—）
诺姆·乔姆斯基是现代语言学之父，同时也是一名哲学家和社会活动家，已出版100多部著作。他本科、硕士和博士均就读于宾夕法尼亚大学，并取得语言学博士学位。乔姆斯基于1955年开始执教于麻省理工学院，他著作的《生成语法》被认为是20世纪理论语言学研究上最伟大的贡献，并对心理学在20世纪的发展方向产生了重大影响。他的工作获得诸多奖项，被世界多所大学授予名誉学位。

米哈里·契克森米哈（Mihaly Csikszentmihalyi，1934—）
匈牙利心理学家契克森米哈生于意大利阜姆（现为克罗地亚里耶卡）。青少年时期，他参加了卡尔·荣格的一场演讲，从而激发了学习心理学的兴趣。后来他移民美国，在芝加哥大学获得心理学博士学位，并成为该校心理系的系主任。目前他在加利福尼亚大学工作，以在幸福感特别是福流（flow）方面的研究闻名于世。

赫尔曼·艾宾浩斯（Hermann Ebbinghaus，1850—1909）
艾宾浩斯出生于德国巴门一个富有的商人家庭。他就读于波恩大学，后来成为柏林大学的一名教授，并创办了两个心理学实验室。他以自身为实验研究对象，成为了第一个系统地研究学习和记忆的心理学家。他一生致力于有关记忆的实验心理学研究，提出了著名的"艾宾浩斯遗忘曲线"。艾宾浩斯59岁逝世，生前一直任教于哈雷大学。

保罗·艾克曼（Paul Ekman，1934—）
美国心理学家保罗·艾克曼出生于华盛顿，从15岁起就在芝加哥大学求学，并开始对西格蒙德·弗洛伊德和心理治疗产生兴趣。他在纽约市阿德菲大学获得临床心理学博士学位，随后在加利福尼亚大学花费了数年时间研究非言语交流。他主要研究情绪，以及情绪与面部表情的关系。1991年，获美国心理学会颁发的杰出科学贡献奖。

阿尔伯特·艾利斯（Albert Ellis, 1913—2007）

阿尔伯特·艾利斯出生在美国宾夕法尼亚州的一个犹太人家庭，他的母亲患有双相障碍（抑郁狂躁型忧郁症），因此他的童年过得很辛苦。在学习临床心理学之前，他在哥伦比亚大学担任作者的工作。他受到西格蒙德·弗洛伊德的影响，但不久后与精神分析流派分道扬镳，并转向认知行为疗法。直至93岁逝世之前，他一直在出版著作。

埃里克·埃里克森（Erik Erikson, 1902—1994）

埃里克森由自身的成长体验提出了同一性危机的概念。他生于德国法兰克福，由母亲和继父抚养长大，从不知生父的身份。起初他从事艺术专业，后来接受了安娜·弗洛伊德的精神分析训练。他在写作方面获得了普利策奖和美国国家图书奖，并在哈佛大学、耶鲁大学和加州大学伯克利分校担任教授。他把心理的发展划分为8个阶段，认为每一阶段都有一个特殊矛盾和特殊社会心理任务，矛盾的顺利解决是人格健康发展的前提。

汉斯·艾森克（Hans Eysenck, 1916—1997）

汉斯·艾森克出生于德国柏林，出生后不久父母离异，由祖父母抚养长大。他在伦敦大学学习心理学并取得博士学位，随后创立并领导了精神病学系。他主张行为疗法，反对弗洛伊德的精神分析理论，不断地予以批判。主要从事人格和智力等方面的研究。他主张从自然科学的角度看待心理学，把人看作一个生物性和社会性的有机体，并用因素分析法提出了人格的神经质、内倾性—外倾性及精神质三维特征的理论。

利昂·费斯廷格（Leon Festinger, 1919—1989）

利昂·费斯廷格出生在美国纽约布鲁克林一个俄国犹太人移民家庭，毕业于纽约市立大学，后前往艾奥瓦大学，在 K.勒温的指导下从事研究工作并获得博士学位。他提出的认知失调理论有很大影响。主要研究人的期望、抱负和决策，并用实验方法研究偏见、社会影响等社会心理学问题。

西格蒙德·弗洛伊德（1856—1939）

见102~103页

尼科·弗里达（Nico HFrijda, 1927—）

荷兰心理学家，出生于荷兰阿姆斯特丹的一个犹太裔家庭。二战期间，由于纳粹对犹太人的迫害，他在避难所中度过了自己的童年。他凭借面部表情方面的理论在阿姆斯特丹大学获得博士学位。弗里达的主要兴趣是发展情绪理论，毕生从事人类情绪的研究，他认为情绪不仅是事件评价的一个反应，情绪更包括了一种行动倾向。

吉布森（J J Gibson, 1904—1979）

詹姆斯·吉布森出生在美国俄亥俄州，在普林斯顿大学获得心理学博士学位，后受聘于马萨诸塞州的史密斯学院，担任多年教学工作。二战期间，年他在美国空军服役（1942年—1945），担任空军航空心理专案计划执行人。战后回到史密斯学院研究视知觉，并成为该领域20世纪最重要的心理学家之一。

唐纳德·海布（Donald Hebb, 1904—1985）

唐纳德·海布，加拿大心理学家。毕业之后，他成为一名教师，在这期间阅读了弗洛伊德、詹姆斯、华生的著作，从而成为麦吉尔大学心理系研究所的一名在职学生。在拉胥黎的指导下，他先后获得芝加哥大学和哈佛大学的博士学位。海布是生理心理学的先驱，以研究神经功能与学习的关系著称，1960年成为美国心理学会主席。

威廉·詹姆斯（William James, 1842—1910）

威廉·詹姆斯生于美国纽约一个富裕且具有影响力的家庭，他最初是一名画家，直到对科学产生兴趣。获哈佛大学医学博士学位后，他在该校任教，创立了美国第一个心理学课程并建立了第一所心理学实验室。他建构了科学心理学的完整体系，被称为美国心理学之父。1904年，当选为美国心理学会主席；1906年，当选为国家科学院院士；2006年，被美国权威期刊《大西洋月刊》评为影响美国的100位人物之一（第62位）。

卡尔·荣格（Carl Gustav Jung, 1875—1961）

荣格生于瑞士的凯斯威尔，后在巴赛尔大学主修医学。他与弗洛伊德合作推广精神分析学说长达6年之久，之后与弗洛伊德理念不和，分道扬镳。他曾在非洲、美洲和印度游历，研究当地土著。他创立了人格分析心理学理论，把人格分为内倾和外倾两种，并提出集体无意识的概念。

丹尼尔·卡尼曼（1934—）

丹尼尔·卡尼曼生于一个立陶宛裔的犹太家庭，在法国长大。就读科学系期间，他阅读了库尔特·勒温的著作，这激发了他对心理学的兴趣，并获得了美国加州大学心理学博士学位。他以判断与决策方面的心理学研究著称，把心理学研究和经济学研究结合在一起，特别是与在不确定状况下的决策有关的研究。他获得了一系列奖章，包括诺贝尔经济学奖（2002）和美国总统自由奖章（2013）。

丹尼尔·卡兹（Daniel Katz, 1903—1998）

卡兹是一名社会心理学家，他最著名的是关于种族刻板印象、偏见及态度改变的研究。他生于美国新泽西州，在纽约州立大学布法罗分校获得硕士学位，在纽约州雪城大学获得博士学位。他在密歇根大学担任心理学教授，并获得诸多奖项，包括勒温奖和美国心理学会金奖。

劳伦斯·科尔伯格（Lawrence Kohlberg, 1927—1987）

劳伦斯·科尔伯格出生于美国纽约州的布隆维尔市，高中毕业后他做了一名船员，后来进入芝加哥大学，仅用一年时间便获得学士学位。后成为美国儿童发展心理学家。博士毕业后他在哈佛大学和耶鲁大学同时任教。他继承并发展了皮亚杰的道德发展理论，着重研究儿童道德认知的发展，提出了"道德发展阶段"理论。

沃尔夫冈·柯勒（Wolfgang Kohler，1887—1967）

沃尔夫冈·柯勒是格式塔心理学派创始人之一，他曾先后就读于杜宾根大学、波恩大学和柏林大学（1907—1909），在柏林大学获心理学博士学位，1935年之前一直在柏林大学心理学系担任系主任。由于他激烈批判希特勒的纳粹政府，1935年，他移民美国，并在美国多所大学任教。1959年当选美国心理学会主席。

库尔特·勒温（Kurt Lewin，1890—1947）

勒温出生于普鲁士（现波兰）的一个中产阶级犹太家庭，在德国柏林长大。他学习了医学和生物学。一战期间，他在德国陆军服役。受伤疗养期间，他回到柏林完成博士学位，并受到格式塔心理学的影响。他被称为"社会心理学之父"，最早研究群体动力学和组织发展。他在美国多所大学任教，于57岁死于心脏病。

伊丽莎白·洛夫特斯（Elizabeth Loftus，1944—）

见62~63页

埃莉诺·迈克比（Eleanor E. Maccoby，1917—）

发展心理学家迈克比来自美国华盛顿，在密歇根大学获得博士学位。她最有名的是关于性别差异心理学的研究。她在哈佛大学任教，后转至斯坦福大学，并成为该校心理系首位女性系主任。每年美国心理学都会以她的名义颁发一项奖项。

亚伯拉罕·马斯洛（Abraham Maslow，1908—1970）

亚伯拉罕·马斯洛出生于美国纽约市，父母是从苏联移民到美国的犹太人，他的父母让他学习法律，但他后来转至心理学专业，并在行为主义者哈洛的指导下获威斯康星大学心理学博士学位。他的研究主要集中于人类需要以及实现个人潜能的能力方面，并提出著名的需要层次理论。他首次提出人本主义心理学的概念。1967年，当选为美国心理学会主席。

罗洛·梅（Rollo May，1909—1994）

罗洛·梅于出生于美国俄亥俄州，他的父母很早就离异，妹妹又罹患精神分裂症，因而他的童年过得非常艰难。后来他获得文学学士学位，在希腊教英文，之后回到美国做了一段时间的牧师。后来他开始学习心理学，并在纽约的哥伦比亚大学获得了第一个临床心理学博士学位。他以在焦虑和抑郁方面的研究而著称，被称作"美国存在心理学之父"，也是人本主义心理学的杰出代表。

斯坦利·米尔格拉姆（Stanley Milgram，1933—1984）

见134~135页

乔治·米勒（1909—1994）

乔治·米勒是认知心理学的奠基人之一，他关于人类记忆的研究广为人知。他出生在美国南卡罗来纳州，最初学习语言学，后获得哈佛大学心理学博士学位。他先后在哈佛大学、麻省理工学院和洛克菲勒大学任教，后赴普林斯顿大学执教，并组建了认知科学实验室。1969年，当选为美国心理学

会主席；1991年，获美国最高荣誉的科技奖——美国国家科学奖；2003年，获美国心理学会颁发的心理学终身贡献奖。

弗里茨·皮尔斯（Fritz Perls，1893—1970）

弗里茨·皮尔斯生于德国柏林一个中产阶层犹太家庭，第一次世界大战期间曾在德军服役。后来他学习了医学和精神病学，受训成为精神分析师，并迁居南非，在那里与妻子劳拉（Laura Perls）建立了一个精神分析研究院。后来，他移居美国纽约，慢慢提出了格式塔治疗的理论思想。之后又迁居至加利福尼亚州。

让·皮亚杰（Jean Piaget，1896—1980）

让·皮亚杰生于瑞士，从小就对自然感兴趣，并在11岁时发表了第一篇科学论文。他取得了动物学博士学位，随后开始研究心理学和哲学，在这些领域讲课、发表论文。1972年，在荷兰获得荣誉相当于诺贝尔奖的"伊拉斯姆士"奖金；1978年，获巴尔赞奖，用于表彰他在儿童认知发展方面的贡献。他创建了发生认识论，担任多国著名大学的名誉博士或名誉教授。

劳拉·波斯纳（Laura Posner，1905—1990）

见弗雷德里克·皮尔斯

维拉亚努尔·拉马尚德兰（Vilayanur Ramachandran，1951—）

见44~45页

圣地亚哥·拉蒙-卡哈尔（Santiago Ramon Cajal，（1852—1934）

见48~49页

卡尔·罗杰斯（Carl Rogers，1902—1987）

卡尔·罗杰斯生于美国伊利诺伊州的一个虔诚基督教新教家庭，是人本主义心理学的主要代表人物之一。他相信人们可以充分发挥潜能，获得心理健康。他曾在俄亥俄州立大学、芝加哥大学和威斯康星大学任教；1947年，当选为美国心理学会主席；1956年，获美国心理学会颁发的杰出科学贡献奖。他晚年致力于将以人为中心的理念和实践应用于化解社会冲突（如北爱尔兰和南非），并于1987年获诺贝尔和平奖提名。

桃乐丝·罗（Dorothy Rowe，1930—）

桃乐丝·罗是一名临床心理学家和作家，她感兴趣的研究领域是抑郁。她出生在澳大利亚新南威尔士州，在悉尼大学学习心理学。后来她移民到英国，在那里完成了博士学位，建立了临床心理学林肯郡学部，并成为该学部带头人。她已出版16本著作，并定期为报纸和杂志供稿。

丹尼尔·夏克特（Daniel L. Schacter，1952—）

丹尼尔·夏克特生于美国纽约，最著名的是他关于人类记忆的研究。他在加拿大多伦多大学获得博士学位，导师是安道尔·图尔文。1981年，他们在多伦多建立了一个研究记忆障碍的单位。10年后，夏克特成为哈佛大学的心理学教授，并

建立了夏克特记忆实验室。

马丁·塞利格曼（Martin Seligman，1942—）

马丁·塞利格曼被认为是积极心理学的奠基人之一。他生于美国纽约，毕业于普林斯顿大学哲学系，后在宾夕法尼亚大学获得心理学博士学位。受到阿伦·贝克著作的影响，他对抑郁和追寻幸福产生兴趣。他担任宾夕法尼亚积极心理学中心主管，1998年当选为美国心理学会主席。

斯金纳（B. F. Skinner，1904—1990）

斯金纳出生在美国宾夕法尼亚州，最初在纽约汉密尔顿学院专修英文，打算成为一名作家。大学期间他读了华生和巴甫洛夫的著作，从而开始对人类和动物的行为感兴趣，进了哈佛大学攻读心理学并获得博士学位，进而成为行为主义心理学的先驱。他提出了操作性条件反射理论，并将该理论应用于对人的研究。他获得了美国心理学会颁发的终身成就奖。

托马斯·沙茨（Thomas Szasz，1920—2012）

托马斯·沙茨代表作是《精神疾病的神话》，是"反精神病学"运动的代表人物。坚决主张精神病与不合习俗的行为不一定是疾病或犯罪。他生于匈牙利布达佩斯，1938年移民至美国，在俄亥俄州辛辛那提大学学习医学。毕业后在纽约大学任教，获得过50多项奖项。其强硬和过分极端的批评有助于引起社会重视以改善精神疾病患者的地位和待遇。

爱德华·桑代克（Edward Thorndike，1874—1949）

桑代克生于美国马萨诸塞州，以在动物行为和学习过程方面的研究而著称。他在詹姆斯的指导下在哈佛大学学习心理学，并在纽约哥伦比亚大学获得博士学位。他成果颇丰的一生中的大部分时间都在哥伦比亚大学任教。他提出了一系列学习的定律，包括练习律和效果律等，奠定了现代教育心理学的科学基础。1912年，当选为美国心理学会主席；1917年，当选为国家科学院院士。

爱德华·托尔曼（Edward Tolman，1886—1959）

新行为主义学派代表人物之一，以白鼠迷津实验而闻名。他在美国麻省理工学院学习电气化，后来他接触到詹姆斯的《心理学原理》一书，被心理学所吸引，并在哈佛大学获得心理学博士学位。他在加州大学伯克利分校从事多年教学工作，在记忆和动机领域做出了卓越贡献。1937年，他当选为美国心理学会主席。

安道尔·图尔文（Endel Tulving，1927—）

图尔文生于爱沙尼亚，父亲是一名法官。他是一名实验心理学家和神经科学家。他在加拿大多伦多大学获得学士和硕士学位。在美国哈佛大学获得博士学位之后，他回到多伦多担任讲师。他在人类记忆方面的研究世界著名。他将长时记忆分为情景记忆和语义记忆，并认为记忆的存储和提取是两个彼此独立的功能。1983年，获美国心理学会颁发的杰出科学贡献奖；1988年，当选为国家科学院院士；2005年，获得盖尔德纳基金会国际奖，这是生物医学界最具声望的大奖。

维果斯基（Lev Vygotsky，1896—1934）

苏联发展心理学家，"文化—历史"理论的创始人。他生于俄罗斯帝国一个名为奥尔沙的小镇（现属白俄罗斯）。他在莫斯科大学学习法律，在那儿受到了格式塔心理学的影响。他最有名的理论是人类心理的社会起源的学说（孩子们通过社会环境而进行学习）。尽管生前未受到广泛认可，但他的著作后来成为认知发展领域许多研究的基础。

约翰·华生（John Broadus Watson，1878—1958）

约翰·华生是行为主义心理学的创始人。他出生在美国南卡罗来纳州的一户贫困家庭。尽管在青少年期表现得非常叛逆，但21岁时他就获得了硕士学位。在芝加哥大学获得博士学位之后，他成为约翰·霍普金斯大学的心理学教授，并很快担任心理系系主任。他以在动物行为和儿童教养方面的研究而著称，并进行了富有争议的小阿尔伯特实验。1915年，华生当选为美国心理学会主席。

马克思·韦特海默（Max Wertheimer，1880—1943）

德国心理学家，格式塔心理学创始人之一，生于布拉格一个受过良好教育的家庭。作为一名很有天赋的小提琴手和作曲家，他似乎注定会成为一名音乐家，但他早期学习法律和哲学，后转学心理学。他在德国柏林和法兰克福的大学任教，1933年，移民至美国纽约。他最著名的研究是思维如何在处理视觉信息时寻找模式。

罗伯特·扎茨（Robert Zajonc，1923—2008）

罗伯特·扎荣茨是一名波兰社会心理学家，以在判断和决策领域的研究而著称。16岁时纳粹分子侵占波兰，他的家人从罗兹流亡到华沙。他的父母在战火中双亡，他被派遣到德国参与工人运动，后逃脱。他在美国芝加哥大学先后获得学士、硕士和博士学位，并在芝加哥大学任教近40年之久。

布鲁玛·蔡格尼克（Bluma Zeigarnik，1901—1988）

布鲁玛·蔡格尼克生于立陶宛，当时为俄罗斯帝国的一部分，她是俄国第一批上了大学的女性之一。她在柏林大学获得博士学位，在那里，她受到格式塔心理学家沃尔夫冈·柯勒、马克思·韦特海默、库尔特·勒温的影响。她荣获了1983年度的勒温纪念奖，并以在人们对未完成任务的记忆方面的研究著称。

菲利普·津巴多（Philip Zimbardo，1933—）

菲利普·津巴多生于美国纽约，父母是西西里岛移民。他获得了布鲁克林学院的心理学、社会学和人类学的学士学位，后在耶鲁大学心理学专业获得博士学位。毕业后，他在多所大学任教，随后转往斯坦福大学任教，并进行了著名的斯坦福监狱实验。他出版了《心理学与生活》等多部著作，获得过希尔加德普通心理学终身成就奖等诸多奖项，并于2002年当选为美国心理学会会长。

词汇表

本我（ID）
在精神分析中，与我们的本能和生理需要相联系的心理的无意识部分。

操作性条件反射
自主反应通过一种奖赏或惩罚得以强化的一种学习类型。

超我
在精神分析中，该术语表示我们内在的"良心"或我们被告知的正误法则。

程序性记忆
这种记忆用来记录方法及如何做某件事。

刺激
可以引发特定反应的任意物品、时间、情境或环境因素。

催眠
一种暂时的感应现象，意识的出神状态，在这一状态下，人们更容易受到外在建议的影响。

错误记忆
对一个并未发生的事件回想起来的记忆。

大脑半球
大脑的一半，人类的大脑分为左半球和右半球。

大脑额叶
脑叶的四部分之一，位于每个大脑半球的前部，与短时记忆相关。

道德
被一个群体所持有的关于什么是正确的或错误的价值观和信念的集合。

癫痫
一种疾病，表现为突然的痉挛，伴随着脑中异常的电活动。

电休克疗法（ECT）
一种精神障碍的疗法，使电流通过大脑来引发痉挛。

短时记忆
这种记忆保留人们当下从事的活动所需要的信息。如果没有进入长时记忆，这些信息将会丢失。

反应
对某一物体、事件或情境的态度行为。

非快速眼动（NREM）睡眠
睡眠的一个阶段，此时肌肉放松，脑活动、呼吸和心率降低。

非条件反射
在经典条件反射中，一种被特定刺激引发的反射性或自然的反应。

分裂脑
大脑的两个半球在外科手术中被分开的结果，以前被用来治疗癫痫。

弗洛伊德式错误
与一个人的倾向紧密联系但又不同的行为或话语，反映无意识的想法。

服从
人们采用一个团体中的其他成员或一个权威人物的行为、态度和价值观的倾向。

感觉
我们用来感知自己内部及外部环境的能力。五种感觉是听觉、嗅觉、视觉、味觉和触觉。

个性
个体特质或特性的特殊组合，使其具有特定的行为和思考的倾向。

功能性磁共振成像（fMRI）
一种脑扫描技术，用以测量脑区的血流量。

攻击
对其他个体造成伤害的行为。

行为主义
一种研究可观察的行为而不是内在过程（如思维或情绪）的心理学范式。

集体无意识
在卡尔·荣格的理论中，集体无意识是无意识的一部分，与他人共有并通过代际传递。

计算机断层（CT）扫描
一种脑扫描技术，用X光和一台计算机来构建身体内部详细的图像。

假设
一种可通过实验来检验的预测或描述。

价值观
原则的集合，包括行为的标准或人们认为生命中重要的东西。

经典条件反射
一个刺激引发一种非随意或自动化反应的一种学习类型。

晶体智力
通过教育和经验获取知识和技能的能力。

精神变态
一种人格障碍，特点是明显缺乏同情或懊悔，以及反社会行为。

精神病学
致力于精神疾病的研究、诊断和治疗的医学领域。

精神分裂症
一种严重的精神疾病，特点是扭曲的现实知觉，伴随幻觉、不规律的行为和情绪缺乏。

精神分析
由西格蒙德·弗洛伊德（Sigmund Freud）发展的理论和治疗方法，旨在通过显露无意识想法来治疗精神疾病。

精神药品
通过改变信号在我们的脑和神经系统中的传递方式来影响意识的药品。

恐惧症
一种焦虑障碍，其特点是对一种事物或刺激强烈而不合理的恐惧。

控制组
在研究中，参与者不被暴露于实验条件的一组。

快速眼动（REM）睡眠
睡眠的一个阶段，此时我们会做梦，这一阶段还具有快速的眼球移动和肌肉固定不动的特点。

利他
对他人福祉无私的关心。

联觉
接受者会将字母、数字或一个星期中的日子视为不同的颜色，甚至是不同的人格特性。

流体智力
与获得的知识相独立的，通过推理来解决问题的能力。

模仿
一种学习类型，个体通过观察他人的行为来决定如何表现。

脑电（EEG）
一种脑扫描技术，用来测量脑中的电信号。

内倾性
一种人格类型，这一类型的人，其自身能量指向他自己。内倾性的人经常是腼腆安静的。

内群体
个体所归属的群体。与其他群体或外群体相比，群体成员经常更积极地看待他们的群体。

内省
一个人对自己内部状态和想法的检查。

旁观者效应
在场的人越多，有人去帮助处在困境中的人的可能性反而越低的一种现象。

偏见
由于性别、社会阶层、年龄、宗教、种族或其他人格特质而产生的对人们预期性的，通常是消极的判断。

普遍智力
作为一切智力活动基础的能力，由查尔斯·斯皮尔曼（Charles Spearman）提出。

强化
在经典条件反射中，提升反应可能性的过程。

情境记忆
这种记忆用来记录事件和经历。

情境依赖记忆
与被记录的地点相关的记忆，当人们重临这一地点时能被记起。

驱力
激发人们去满足生理需求的驱动力。比如，饥饿的驱力促使人们吃东西。

认知行为疗法
一种鼓励病人通过改变他们的思考和行动的方式来处理问题的谈话疗法。

认知偏差
影响决策的一种不合理的假想，这种假想经常导致不良的判断。

认知失调
当人们持有两种冲突信念时所产生的一种不安感。

认知心理学
聚焦于包括学习、记忆、知觉和注意在内的心理过程的心理学范式。

闪光灯记忆
与情绪化事件相联系的生动记忆。

社会惰化
当人们在团队中工作而不是单独工作时，故意发挥更少的作用来实现某个目标的现象。

社会规范
控制社会中的行为或态度的不成文的规则。

社会学习
阿尔伯特·班杜拉（Albert Bandura）的学习理论，基于个体观察和模仿他人的行为。

神经科学
对脑和脑如何运作的生物学研究。

神经可塑性
脑中的连接适应个体行为或环境的改变，或因为脑损伤而发生改变的方式。

神经退行性疾病
损害神经系统的一种疾病。

神经系统
身体的控制中心，由脑、脊髓及神经组成。

神经元
神经细胞，在身体的所有部分之间传递信号，并在脑中形成网络。

神经症
一种精神障碍，这一障碍没有明显的身体原因，如焦虑症或抑郁症。

态度
人们对物体、想法、事件或其他人的评估。

特质
稳定表现的特定的个人特性，并影响其在一系列情境下的行为。

条件反射
在经典条件作用中，被学习或形成与一个特定刺激相联系的反应。

突触传递
在神经元之间交流信息的过程，在这一过程中，神经元向另一个相邻的神经元发送信号。

团体迷思
在一个团体中，当服从一致的愿望超过了独立的批判性思考时，经常导致不良决策的一种现象。

外倾性
一种人格类型，这种类型的人，其自身的能量指向外部世界。外倾性的人大多是开朗健谈的，并享受他人的陪伴。

外群体
个体不归属于的群体，因此可能被消极地看待。

完形疗法
心理疗法的一种形式，关注个体当前的经历，并强调个体的责任。

完形心理学
强调在心理过程（如知觉）中"整体"大于它的单个部分的心理学范式。

无意识
根据西格蒙德·弗洛伊德（Sigmund Freud）的观点，意识的水平无法容易地提取和储存我们最深层的观点、欲望、记忆和情绪。

先天的
一种从出生就展现出来的特性，而不是通过经验获得。

心境依存记忆
与一种特定心境相关的记忆，当个体再次体会到那种感觉时可被想起。

心理疗法
运用心理学手段而非医学手段的治疗方法。

心流
米哈里·契克森米哈（Mihály Csíkszentmihalyi）的术语，指当人们完全专注于一个任务时，所进入的出神状态，同时引发满足感和幸福感。

心智
个体控制意识和想法的部分。

压抑
痛苦的想法、感觉或记忆被排除在意识想法之外的一种保护机制。

依赖
无法停止使用一种物质（比如酒精）。

依恋
孩子在其生命的早期阶段形成的与一个成人照料者之间的重要情感联结。

抑郁症
一种心境障碍，特点是绝望感和较低的自尊感。

意识
人们对他们自己和所处环境的觉知。

印刻
一种本能现象，新生的动物会与其确认为父母的任何个体或物体建立联结。

语义记忆
这种记忆用来记录事实和知识。

长时记忆
这种记忆可以长时间地保存信息。

知觉
人们为了理解所处的环境，对各种感觉进行组织、确认及解释信息的方式。

智商（IQ）
对一个人智力的数值表征，展现一个人与平均水平（IQ=100）相比，其智力程度要大多少或小多少。

注意
对环境中的一件事物集中知觉的过程。

自卑情结
当个体感到不如别人时所发生的状态，会导致敌对或反社会行为。

自我
在精神分析中，心智中意识和理性的部分。

自我超越
一种为了高于自我而行事的需要。

自我实现
根据亚伯拉罕·马斯洛（Abraham Maslow）的理论，自我实现是一种人类实现自我特有的全部潜能的需要，是人类高级需要中的一种。

自由联想
在心理治疗中使用的一种技术，在给予任意词后，病人说出进入其脑海的第一个事物，这一技术用来揭示他们的无意识想法。

索引

致谢

本书的创作同时也要感谢Jeongeun Yule Park、John Searcy和Jackie Brind对本书局部内容的帮助。

还要感谢如下人员允许本书使用他们的图片：

(Key: a–above; b–below/bottom; c–centre; f–far; l–left; r–right; t–top)

6 Dorling Kindersley: Whipple Museum of History of Science, Cambridge (cr). Getty Images: Pasieka / Science Photo Library (cl); Smith Collection / Stone (c). 7 Getty Images: Rich Legg / E+ (cr). Pearson Asset Library: Pearson Education Ltd / Studio 8 (cla). 12 Corbis: Matthieu Spohn / PhotoAlto. 15 Science Photo Library: Science Source (br). 17 Pearson Asset Library: Pearson Education Ltd / Tudor Photography (tr). 29 Pearson Asset Library: Pearson Education Asia Ltd / Terry Leung (br/doll). 30-31 Dorling Kindersley: Dr. Patricia Crittenden (portrait). 36-37 Getty Images: Laurence Mouton / PhotoAlto. 39 PunchStock: Image Source (br). 42 Bright Bytes Studio: photograph of daguerreotype by Jack Wilgus (bc). 44-45 Dorling Kindersley: Science Photo Library (portrait). 48-49 Dorling Kindersley: Rex Features / Charles Sykes (portrait). 54 Corbis: momentimages / Tetra Images. 62-63 Dorling Kindersley: Courtesy of UC Irvine (portrait). 69 Corbis: Martin Palombini / Moodboard (br/gorilla). 70 Dorling Kindersley: Science Photo Library / Corbin O'Grady Studio (portrait). 72 Pearson Asset Library: Pearson Education Asia Ltd / Coleman Yuen (bc). 75 Dreamstime.com: Horiyan (br/table). 78 Corbis: Peter Endig / DPA (bl). 82 Getty Images: Robbert Koene / Gallo Images. 85 Getty Images: Image Source (br). 87 Pearson Asset Library: Pearson Education Asia Ltd / Coleman Yuen (br). 88-89 Dorling Kindersley: Corbis / Bettmann (portrait). 93 Corbis: John Woodworth / Loop Images (br). 97 Corbis: John Springer Collection (br). 107 Pearson Asset Library: Pearson Education Ltd / Jon Barlow (br). 111 Pearson Asset Library: Pearson Education Ltd / Jörg Carstensen (br). 115 Pearson Asset Library: Pearson Education Ltd / Lord and Leverett (br). 118-119 Corbis: Stretch Photography / Blend Images. 121 Corbis: Chat Roberts (tr). 125 Pearson Asset Library: Pearson Education Ltd / Tudor Photography (br). 126-127 Dorling Kindersley: Solomon Asch Center for Study of Ethnopolitical Conflict. 129 Corbis: John Collier Jr. (br). 132 Dreamstime.com: Horiyan (bc/table). 134-135 Dorling Kindersley: Manuscripts and Archives, Yale University Library / Courtesy of Alexandra Milgram (portrait). 137 Corbis: Geon-soo Park / Sung-Il Kim (br). 143 Corbis: Adrian Samson (br). 144 Corbis: Hannes Hepp (bc).

All other images © Dorling Kindersley
更多信息，请登录网站：www.dkimages.com。